用自己的光，照亮自己的路

艾小米
——著

With My Own Light,
Light Up My Life

中国华侨出版社

图书在版编目(CIP)数据

用自己的光,照亮自己的路 / 艾小米著.—北京：
中国华侨出版社,2015.4

ISBN 978-7-5113-5415-0

Ⅰ.①用… Ⅱ.①艾… Ⅲ.①个人–修养–通俗读物
Ⅳ.①B825–49

中国版本图书馆 CIP 数据核字(2015)第087944 号

用自己的光,照亮自己的路

著　　者 / 艾小米

责任编辑 / 文　筝

责任校对 / 王京燕

经　　销 / 新华书店

开　　本 / 787 毫米×1092 毫米　1/16　印张/17　字数/223 千字

印　　刷 / 北京建泰印刷有限公司

版　　次 / 2015 年 6 月第 1 版　2015 年 6 月第 1 次印刷

书　　号 / ISBN 978-7-5113-5415-0

定　　价 / 32.00 元

中国华侨出版社　北京市朝阳区静安里 26 号通成达大厦 3 层　邮编:100028
法律顾问:陈鹰律师事务所
编辑部:(010)64443056　　64443979
发行部:(010)64443051　　传真:(010)64439708
网址:www.oveaschin.com
E-mail:oveaschin@sina.com

前言

世间总是存在两类人，这是截然不同的两类人：一种人相信人的命运是上天已注定的安排，每个人都只能服从，不可违背；另一种人则相信，人的命运是自己经营出来的，学业、事业、家庭、财富等一切都把握在自己的手中。你呢？你选择相信哪一种？

请注意，你的选择将决定你的未来，具体表现为：相信前者的人，大多安于现状，缺少奋斗和进取的动力，喜欢过安逸生活，往往会一辈子庸庸碌碌。后者就不同了，他相信自己，敢于和命运抗争，对生活充满了向往，往往能步步登高，轰轰烈烈地演绎人生的精彩。

这听起来难以置信，但却是一种十分真实的现象。因为个人的命运无关天意，而是由个人掌握的，人生的路要靠自己行走。在这条漫长的道路上，我们可以决定自己是否要努力，是否要放弃，是否要积极，是否要沮丧，更可以决定自己的去向，选择具体怎么走。

的确，生命是自己的，你是你生命的主人。如果你希望自己的人生有所作为，你就得用自己的光，照亮自己的路。一切都得靠自己——靠自己的理解，靠自己的意志，靠自己的追求等。当然，你还需要有理性的思维、务实的行动，超越困难的勇气和信念……

贝多芬从小十分热爱音乐，尤其喜欢弹钢琴。无奈他 26 岁时听力开始减弱，老年耳朵失聪。但他没放弃对音乐的创作，他相信自己可以改变命运，"我要扼住命运的喉咙"，结果失聪后他还创作了很多作品，而且失聪后的作品比之前的更伟大。

海伦·凯勒既是一个盲人，又是一个聋哑人，这对于一般人来说，是不可想象、不能忍受的痛苦。然而海伦并没有向命运屈服，她以顽强的毅力克服了生理缺陷，学会了读书、讲话、写字，还学会骑马、游泳、下棋。她完成了一系列著作，并致力于为残疾人造福……

看到了吧，所谓的命运其实是一个欺软怕硬的东西，如果你不想也不敢改变自己的命运，那么就只能忍受命运的摆布与戏弄。但如果你发愤一搏，主动出击，往往能让自己的命运改变，出现"柳暗花明"的景象。所以，很多时候不是命运不幸，而是自己还不够努力。

你甘心受命运的摆布吗？你还继续被命运捉弄吗？如果你希望改变这一切，那么就请打开本书。本书精选了上百个通俗易懂、发人深省的寓言及哲理故事，以平实生动、明白浅近的语言阐述了深刻的人生哲理，将带你踏上一段改变命运的征程，去迎接属于你的辉煌人生。

伸出一只手，我们能够看到诸多掌纹，爱情线、事业线、生命线等。当我们紧紧攥住拳头的时候，不管是长的还是短的掌纹，就都在我们的手掌心了，命运不是就掌握在自己手中了！有计划、有远见、有步骤地行动吧，那个理想的你正在未来等你。

目录
contents

第三辑
你有权以自己的方式长大，长成你想要的样子

第一辑

/

生命只有一次，
想灿烂，就要不遗余力地绽放

/

生命只有一次，而且又相当短暂。

但生命的意义并不在长短，而在我们怎样利用它。

每个人的天赋就是努力创造生命的价值，

不必有所保留，也不必有所顾忌，

像花儿一样尽情绽放自己，把最好的自己活出来。

使有限的生命更加有效，

也等于延长了自己的生命。

01. 立志向，快做自己该做的事

你的志向和你的未来生活息息相关。乍一听这句话，有人会觉得它是一句大而空的鼓励用语，我们不是经常听到这样的话吗？比如，心有多大，舞台就有多大；人生能有几回搏，尽力一搏就有机会；雄鹰向往天空，所以飞得比任何鸟类都高……说到心灵格言，谁脑子里没有几百句？但它们真的有用吗？志向就能决定生活，是不是太武断了？对这个问题，史学家司马迁用陈胜的故事说出了答案。

陈胜者，阳城人也，字涉。吴广者，阳夏人也，字叔。陈涉少时，尝与人佣耕，辍耕之垄上，怅恨久之，曰："苟富贵，无相忘。"佣者笑而应曰："若为佣耕，何富贵也？"陈涉太息曰："嗟乎，燕雀安知鸿鹄之志哉！"（《史记·陈涉世家》）

陈胜最初只是个普通农民，如果年轻时代的他未曾有过改善个人地位、追求更好生活的愿望，他就不会在即将被处死的时候提出"王侯将相宁有种乎"，揭开反对秦朝暴政的起义序幕，尽管起义以失败告终，但至少他不是一个坐以待毙的弱者。而陈胜的朋友，那个说着"帮别人耕田混饭吃，能有什么富贵"的人，永远只能当个混饭吃的农民，不会去想自己的生活有什么不合理，不会去为自己争取更多的利益和更高的地位。他最后的结局只能像泥土一样，湮没在历史的长河中。

陈胜是一个胸怀大志的人，生活在特定历史阶段的人只能在自己的认知范围内有更高的追求，所以我们不能以现代人的观点来评价陈胜的"富贵"是好是坏，只能从他的经历中提炼珍贵的教训，作为人生的借鉴。而人生百态，每个人的志向都不相同。

惠子在梁国为相，庄子去看望他。有人对惠子说："庄子来的目的，是想要取代你的位置！"惠子知道庄子比自己更有才能，不由大为紧张，派人在国内抓捕庄子，找了三天三夜。

庄子大方地求见惠子，对惠子说："你听说过吗？南方有一种叫凤凰的鸟，它飞起来的时候，只在梧桐枝上休息，只吃麻栎的果实，只喝最甘美的泉水。一只抓到死老鼠的猫头鹰，以为它要抢自己的食物，吓得不断大叫。你现在是梁国的宰相，是不是也担心我要抢你手里的死老鼠呢？"惠子听了惭愧不已。

陈胜追求富贵，庄子鄙视富贵，但究其本质，都在追求自己心中的某种理念，这种理念本身没有高下之分。不满足于自己的状况，立志高远的，就是"鸿鹄之志"；而沉溺于现状，放弃进取，或者只满足于蝇头小利的追求，就是"燕雀之志"。但凡心有大志而又敢于行动的人，都能成就一番事业，而那些只满足于现状的人，很难有大作为。

志向是人生的明灯，有志向，才会有行动。燕雀与鸿鹄不可同日而语，也必须分清楚。想当工程师和超市营业员是两个截然不同的志向，代表着个人的人生选择，并不是说前者就是鸿鹄，后者就是燕雀。而一个只想追求一份工资的工程师和一个想当最优秀营业员的营业员，谁是鸿鹄谁是燕雀，答案不言而喻。前者很容易就对工作产生倦怠，长期裹足不前，还有被裁员的可能；后者不但会成为优秀员工，还会随着工作的良性发展成为领导，甚至自己开一个有活力的超市，这就是志向的力量。我们每个人都应该清楚地确立自己的志向。

　　有志向，才有明确的自我要求。要求自己去学习，去掌握更多相关的知识，去虚心请教，去认识自己的不足，不断提高，而人生正应该是这样一个不断提高的过程。

　　有志向，才能时刻提醒自己争分夺秒。时不我待，生命是有限的，想要达到目标，就不能浪费每分每秒。志向的现实意义在于它能够提醒我们路还很长，千万不要因为一时的成绩沾沾自喜，你还远远没有到达。

　　有志向，才能抗拒诱惑。有时候我们放弃既定目标，并不是因为耐力不够，而是发现了新的目标。这些目标可能是其他理想，也可能是享乐，但它们全都是前进道路上的诱惑，想要绕开，就必须重新审视自己的志向。在这种时候，志向无疑是导航仪。

　　有志向，才能有所作为。一个人的一生不应该庸庸碌碌，而明确的志向是摆脱庸碌的头号标志。多数人缺乏志向，或者说，他们的志向不能称之为志向，只是一些浅显的打算。没有目标自然不会有行动，而恰当的高目标却能激起人的好胜心理，防止倦怠。

　　为了防止志向过高产生倦怠、志向过低滋生懒惰，我们最好将志向和计划紧密结合，既要有长期大目标，又要有短期小目标，在为小目标奋斗的时候，不要忘记这是大计划的一部分；而在为大目标幻想的时候，也不要忽略每一天的行动，这是一种理想状态。

订立志向还需要结合自己的实际情况，你没有音乐细胞，不妨把演奏和唱歌当作业余爱好，而不是终生奋斗的职业。奋斗到最后你依然不会被称为天才，这就是残酷的现实。你应该发掘自己真正的才能，或者从自己的个性着手选择志向，千万不要和自己拧着来，那么未来的生活就是自己跟自己过不去，还不一定有更棒的成绩，这不是聪明的做法。

一旦立下志向，就要向最高目标前进，不要满足于小小的成绩，要看着那些比你做得更好的同龄人和前辈，不要落在他们后面。有这样的心理，你才能更加努力，并付出更多的心血。如果只满足于燕雀的生活，我们永远领略不了鸿鹄御风而飞的快乐。不要留恋一个小山包、一个小土峰，会当凌绝顶，一览众山小，才称得上鸿鹄之志。

02. 匆匆太匆匆，你的时间去了哪里

"洗手的时候，日子从水盆里过去；吃饭的时候，日子从饭碗里过去；默默时，便从凝然的双眼前过去。我觉察他去的匆匆了，伸出手遮挽时，他又从遮挽着的手边过去，天黑时，我躺在床上，他便伶伶俐俐地从我身上跨过，从我脚边飞去了。等我睁开眼和太阳再见，这算又溜走了一日。我掩着面叹息。但是新来的日子的影儿又开始在叹息里闪过了。"

这段感叹摘自散文名家朱自清的《匆匆》。作家感叹时光匆匆而过，追问"我们的时间去了哪里"，这篇文章已经有将近百年的历史，但它仍然写出了我们每一天的生活。时光脚步谁也不能停住，日子会一天天过去，每当年末的时候，总有人感叹："一年竟然就这么过去了，我好像什么都没做！"

有多少人在一天结束、一个月结束、一年结束的时候有这种感叹？又有几个人能及时认识到这种状态的不对劲，真的去做点什么？人们说着时间过得真快，却也被日复一日的生活麻木了，只知道机械地吃饭、工作、睡觉，从未想过如何让生活丰富充实一些。或者，他们想过，但日常琐事如此多，刚想到就又有麻烦需要处理，于是想法马上被抛到脑后。

而我们引以为傲的青春并不会持续太久，它很快就会过去，剩下疲惫的

身躯、僵硬的思维、衰老的精神。如果在那个时候重新开始梦想，重新想要生活得丰富，那太难了，各方面的条件都跟不上。损失了的时间无法弥补，任何一种浪费都会在未来受到惩罚。

不能争分夺秒的人没有青春可言，青春意味着朝气也意味着奋斗。如果你用可以盖一栋大厦的时间吃喝玩乐，最后盖了个小木屋，就只能羡慕着别人的成绩，感叹自己的无能。其实你并非无能，只是浪费了大多数宝贵的时间。而这种浪费存在于每一天的生活中，有时候人们甚至察觉不到。

一天又过去了，徐先生回顾这一天的生活，却想不起自己到底做了什么。早上像往常一样吃夫人做的饭，问几句孩子的功课；到了公司就忙着永远忙不完的报表，坐上八小时后走人；晚上回到家吃饭、看了会儿电视，和夫人闲聊几句，就到了睡觉时间。每一天似乎都这样度过，他就像一个钟摆，永远重复相同的动作。

他觉得他的夫人徐太太生活得很充实，虽然她只是一个普普通通的家庭主妇。她会买一堆菜谱，认真地研究一日三餐如何搭配，有时候还会弄出一些令人哭笑不得失败作品；她会认真了解孩子在学校的情况，为了防止代沟，她还会主动看孩子房里的小说和漫画，与孩子讨论那些情节；她每天都会在晨练时和附近的邻居聊上一会儿，得到一些关于小区、打折、育儿方面的新消息；她还主动报了一个钢琴班，虽然她并没有钢琴底子，却学得很快乐。和她比起来，徐先生和他的孩子都显得没有精神，他们生活中的一点点乐趣几乎全是徐太太带来的。徐先生不明白，究竟是家庭分工的不同，还是性格的差异，导致了这么明显的区别。

老一辈的人经常感叹:"几十年一眨眼就过去了。"年轻人很难领会其中的意思,他们还在功课中度日如年,还在相思中煎熬,还在就业大潮中奔波,还在计划下个假日去哪里旅游。他们最不缺的就是时间,哪里能体会老年人在死亡日渐临近时候的感叹?而中年人处在一个过渡状态,他们还有时间,却不知道如何使用,甚至误以为这就是人生。

徐先生的生活就是如此。面对工作,他想到的不是提高效率、做出成绩,而是尽快过完八小时;面对生活,他想到的不是寻找乐趣、培养情趣,而仅仅是吃饭睡觉、衣食住行;面对家人,他想到的不是让彼此的感情更进一步,做些什么让家人开心,而仅仅是养家糊口,所以他才会觉得不充实,没意思,可以说,他的时间统统被他浪费了。而他的太太恰恰相反,她总是想要创造,努力得到快乐,所以她让旁人羡慕,也让自己满足。

我们的生活又是什么样?我们还年轻,人生还没有定型,未来还是草稿状态,如果我们愿意抓紧时间,加快步伐,我们的目标就不再遥远。如果我们想要好吃懒做,安于享受,我们未必就会遭遇巨大的失败,但一定会变得默默无闻,保持一种和多数人一样的平庸状态,生活没有波澜,没有多少趣味,也没有更高的目标,只会察觉时间在一分一秒地过去,自己没有任何进步,然后在这察觉中变麻木,安慰自己说每个人都一样,最后变成哀叹的老人。

每个阶段会有每个阶段的认识,有智慧的人会参考别人的认识,来修正自己的行为。聪明的年轻人从不会把老人的唠叨当耳旁风,他们知道把时间放在最有意义的对方。有雄心的人更不会任由时间白白过去,时间就是金钱,每一分钟都必须体现它的价值,并不是说每一分钟我们都在工作,睡觉可以,休闲可以,探亲访友也可以,但必须用来经营生活。

没有建树的忙碌，没有快乐的娱乐，全部都是虚度时间。不妨列一张表格看看自己每一天的忙碌是否有意义，真的学到了什么吗，真的得到了锻炼吗，真的感觉到快乐吗。如果答案是否定的，你需要重新规划你的行程，塑造你的心态。至少，在工作的时候请你不要犯拖延症，尽快将它做好，也许你能体会一下节约时间的好处。

　　你很快就会变老，一旦不重视时间，就会变成碌碌无为的中年人，然后变成只会唠唠叨叨的老年人。那个时候，谁都会想知道时间去了哪里；那个时候，你应该说你的时间交给了事业，你有一份不错的事业；你还有一部分时间给了家庭，你的家庭和睦美满；你的另一部分时间给了学习，你是一个渊博又多才多艺的人，而不是想来想去，想到的只有单调的工作，乏味的生活，无趣的人际往来。把时间交给这样平庸的一生，你甘心吗？所以，尽快去生活吧，让美好的青春留下多彩的，而不是苍白的回忆。

03. 做自己想做的事最幸福

电影《致我们终将逝去的青春》中有这样一句台词："我们都会变成自己曾经最讨厌的样子。"为什么会有这么无奈的改变？理由很多：现实的严峻、生存的压力、人际的残酷、前进的需要……太多的理由逼迫我们改变，而能让我们坚持的理由只有一个，就是梦想，即你所渴望的事情。

把任何一个梦想具体展开，内容都是一个理想中的自己，这个人有着什么样的表情，什么样的谈吐，什么样的工作，住在什么样的房子里，有什么样的地位，外人对他的评价如何，他取得了什么样的成绩，这就是梦想的核心所在。个人的梦想，即使是利他的，最后也会指向自己，而人们之所以不断努力，就是为了这么一个自己。

但又有几个人能将梦想坚持到底？人们总在因现实不断让步，每一次让步都让自己离过去的梦想远一些。最后，你看着镜子里的自己，怎么也不想承认这就是多年前你想要的那个人，即使他是成功的。放弃梦想，谁都不会甘心，但他们最终只会忍着心痛说一句"没办法"作为对梦想的交代，然后继续走现实的道路。

仔细想想，你真的"没办法"吗？绝大多数时候，办法是有的，只是太困难，这时候现实的道路更为可取、更为平顺、更加让你直通一个安稳的未来，而那个办法却可能让你饱受风雨之苦，却不能预知结果。为什么那么多人不敢去面对梦想？因为他们支付不了昂贵的代价，只敢将自己的一部分拿出来交给现实，换得一份温饱的生活，而这份生活又是平凡的、缺乏激情的，所以，他们才总会看着镜子里的自己，哀悼放弃了的梦想。

　　莉莉丝在一个充满书香和自然气息的家庭长大，她的父亲是一位大学教授，也是一位研究动物的学者，所以，她的家里总是养着各式各样的动物，鸟的叫声、狗的吠声、猴子的吵闹声陪伴着她的童年。她的母亲也是一位教授，她研究伊丽莎白女王时期的历史，有很多本专著问世，经常给莉莉丝讲妙趣横生的历史故事。

　　所有人都以为莉莉丝会和她的父母一样成为优秀的学者，但莉莉丝却是个浪漫到了极点的女孩，她最大的愿望就是当一个流浪画家，在街头帮别人画肖像，背着画板和背包走遍世界。她萌生这个梦想的时候只有十岁，妈妈说她到了 18 岁才有资格说梦想。

　　莉莉丝 18 岁的时候，仍然坚持着自己的梦想。她一直在学画画，却并不是为了考一所美术学校，而是憧憬自己能够用画笔记录大千世界。她不认为学院派的教学能够让自己画出更美的东西。事实上，她的基础已经够好了，不必继续进美术学校深造。她和父母商量，想要借一笔钱开始环游世界，她有自信能做好这件事。

　　妈妈表示反对，爸爸沉思良久，又和她进行了一次深谈，终于不无感慨地说："我大学的时候，也像你一样不务正业，整天去深山里观察动物，因为旷课太多被学校退学。但我一直坚持，终于在 29 岁那年发表了一本关于猴子的专著。再到后来，靠着我的经验成了一位动物学家的助手，等到我 40 岁的时候，我被聘为教授。我想年轻的时候如果不努力做想做的事，恐怕一辈子都做不到。希望你也能坚持下去。"

莉莉丝如愿以偿地得到了父亲的赞助，开始了她的旅程。她寻找最美丽的景色，并把自己旅游时的画作和游记出版成书，很快便不再需要父母的援助。她还在美术名城寻访民间高手，向他们虚心讨教，并渐渐形成了自己的绘画风格。如今莉莉丝还在旅游，她已经走遍了欧洲，准备漂洋过海，到美洲寻找灵感。她的父母都为她感到骄傲。

敢于坚持梦想的人必定充满勇气。就像故事里的莉莉丝，她放弃学业，选择自由职业，过一种漂泊的生活，这对很多年轻人来说是极大的冒险。他们既没有自信，认为自己已经学了足够多的学院派知识；也不认为年轻的自己有能力过颠簸的生活；更不会觉得刚成年的人能够支撑一份生活。这也反映出很多年轻人的弊病：他们只有梦想，没有激情，缺少改变现状的勇气，所以他们很难为自己感到骄傲，更不可能有强烈的存在感。他们的萎靡和平庸，都是自己造成的。

敢于坚持梦想的人必然有行动力。梦想必须要付诸行动，不亲自做做，你永远不知道它的具体模样，你甚至不知道你会遇到怎样的困难，当然更不会知道收获时的喜悦。行动的好处是你会碰到比计划多得多的麻烦，但只要你努力克服了一个小麻烦，你就会直观地体会到自己的观察力比以前强，动手力比以前高，头脑比以前活。在一连串的小麻烦解决后，你会对梦想更有信心，更有意志，这就是行动带来的改变。

敢于坚持梦想的人不走寻常路。在人群中，我们能够轻易地分辨出哪些人有梦想，因为他们总是在尝试、在改变、在争取机会，他们的整个人生状态都是积极的，即使有时候略显浮躁，也改变不了他们向上的本质。而没有梦想的人正好相反，他们总是被动地接受他人的安排，似乎人生不是自己的。当他们抱怨生活的路径太少，是因为路都被那些积极的梦想者抢占了，但有一条路梦想者不去走，全都留给他们，这就是平庸之路。

生命的宝贵在于只有一次，在有限的时间内，如果不能去做自己最想做的事，而只是随波逐流地过平凡的生活，我们的生活还能有多少波澜和乐趣？同样是努力，为什么别人的人生是精彩的，我们的人生却注定要乏味呆板？要强一点吧，同样是付出，同样是生存，同样要竭尽全力、挖空心思，我们不能变成自己最讨厌的样子，而应该变成自己最理想的样子。加油！

04. 要么不做，要做就做最好

我们每个人来到这个世上，到底追求什么样的人生呢？相信不同的人会有不同的回答，但我要告诉你的答案是：最好的人生！

那么如何实现这个"最好"呢？这就需要我们建立一种"要么不做，要做就做最好"的做事理念。已经尽力了，做得"差不多了"，做事情的时候不少人都是这样做的，殊不知这只是达到了一个合格水平。你若想借此充分地发挥自己的才智，并且实现最好的自己，就有一点难了。

这并非危言耸听，来看一则故事，你就对此一目了然了。

一天，猎人带着猎狗去打猎。猎人击中一只兔子的后腿，受伤的兔子开始拼命地奔跑。猎狗在猎人的指示下也是飞奔去追赶兔子。那只兔子一瘸一拐的，可是追着追着，它竟然逃脱了。猎狗悻悻地回到猎人身边。

猎人骂猎狗："你真没用，连一只受伤的兔子都追不到！"猎狗听了很不服气地回道："我尽力而为了呀！"

是什么原因使一只受伤的兔子摆脱了猎狗的追杀呢？兔子带伤跑回洞里，它的伙伴们都围过来惊讶地问它："那只猎狗很凶猛呀！你又带了伤，怎么跑得过它的?"兔子回答道:"它是尽力而为,我是全力以赴呀!它没追上我,最多挨一顿骂;而我若不全力地跑,我就没命了呀!"

在生活中,我们常常发现一些本应该能够做好的事情竟没有做好,而有些看来没有希望做好的事情却做成功了。这原因往往就如猎犬和兔子,取决于你是尽力地做事,还是全力地做事,要做就做最好。那些优秀者之所以优秀原因往往就在于此,他们追求的是:在自己的能力范围内做到最好。

大学毕业后,皮特被分到英国大使馆做接线员。接线员的工作简单而轻松,就是做好电话的收听和处理。接线员工作台上有一个登记着使馆人员联系方式的本子,一有电话打进来时,接线员可以在本子上找到对方需要或想要的电话。但皮特认为翻看本子会浪费对方的时间,于是他开始背诵使馆所有人的名字、电话、工作范围甚至他们家属的名字。

工作一段时间后,皮特将这些信息都背得滚瓜烂熟。只要一有电话打进来,无论对方有什么复杂的事情,皮特总能在30秒之内帮对方准确找到人,这样的工作效率比其他接线员要高出不少。渐渐地,使馆人员有事要外出时,并不是告诉他们的秘书,而是给皮特打电话,告诉他如果有人来电话请转告哪些事,就连私事有时也委托他通知。皮特逐渐成为大使馆全面负责的留言中心秘书,他受到了使馆所有人的好评。

一年后,皮特被破格升调到外交部,给英国某大报记者处做翻译。该报首席记者是个名气很大的老太太,得过战地勋章、被授过勋爵,本事大,脾气也大。她把前任翻译给赶跑后,刚开始也不要皮特,后来才勉强同意一试。皮特的翻译工作做得很好,除此之外他还经常帮助老记者搜索资料、整理文件等。在他心里，这份工作是永无止境的。之后，皮特不仅获得了老记者的嘉奖，还一再得到了提拔，成了著名人物。

做接线员工作的人千千万，为什么皮特就能获得如此多的好运，取得令人羡慕的成就和地位呢？显而易见，在于他凡事追求更好。

看到这里，很多人可能要问了，为什么追求"更好"能实现最好的自己呢？这是因为有追求"更好"的进取心，不断追求更高的目标，对自己精益求精，这会不断地完善自我，成就自我并超越自我，最终有所作为。正如高尔基的一句名言所说："一个人追求的目标越高，他的才力发展得就越快。"

因此，在竞争激励的今日，不管在哪一个岗位，不管在什么时候，你都要有一个意识：大家都能做好的，那是基本要求。你要不断地问自己："我已经竭尽全力了吗？""我能不能做得最好？"经常这样问自己，你会不断地提升自己，更好地面对挑战，更好地生存下去，发展下去，进而有所作为。

卡莉·菲奥莉娜从秘书成长为"全球第一女 CEO"、AT&T 公司董事长兼首席执行官，并最终从男性主宰的权力世界中脱颖而出的重要原因之一就是保持进取心，要求自己做到最好。

菲奥莉娜大学期间修读中世纪历史和哲学，毕业后她进入 AT&T 从事不起眼的秘书工作。秘书的工作并不复杂，菲奥莉娜做得很好，获得了领导的认可。不过考虑到这是一家以技术创新而领先的公司，菲奥莉娜总是非常关注技术行业，并注意相关经验的积累。

后来，菲奥莉娜投身 AT&T 的销售电话服务。销售虽然不是菲奥莉娜的特长，但她做得很用心。为公司扩展客户之余，她仍然主动学习相关的技术。

1995 年，她凭借着对电子行业市场和前景的了解，成功促成了 AT&T 分拆朗讯科技，拓展了公司的国际业务，她本人被提拔为朗讯科技的全球服务供应业务部行政总监。2001 年，她又促使惠普与康柏公司达成一项总值高达 250 亿美元的并购交易，成功出任新惠普公司首席执行官。

俗话说"一分耕耘，一分收获"，只要你有付出，就一定有获得。当你建立了"最好"的理想，必然要求自己做得比别人更完美、更正确，这就充分调动起了你的智慧和力量，促使你不断地学习专业知识，不断地拓宽自己的知识面。这时候，你本身就比别人"更好"了，就与普通人区别开来了。

05. 不停止一日努力，看见"水滴石穿"的奇迹

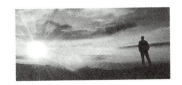

NBA球员科比·布莱恩特是一位全能型选手，在他36岁时，有人做过这样一番统计。

他参加过12届NBA全明星赛。

2007年，他被评选为史上最伟大的得分后卫第二位，排名仅次于乔丹。

他是一位得分王，曾有单场81分的纪录，是NBA历史单场得分第二高。

他的赛场平均得分是25.5分。

不论篮板、助攻、抢断、防守，他都有出色的表现。

他的转身跳投动作被无数球迷津津乐道。

他在高中时代就显得与众不同，被称为天才。

有记者问科比·布莱恩特为什么会有这样好的成绩，他的话耐人寻味："你知道洛杉矶凌晨四点的样子吗？我知道它每一天凌晨四点的样子。"

你看到过凌晨四点的样子吗？在不同的季节，它们有不同的面貌，有时窗外一片乌黑，没有路灯，没有车喇叭的鸣叫，一切都沉浸在睡眠中；有时窗外透着一丝浅淡的微光，那是月色，或者即将升起的太阳；有时你会听到

几声狗叫，它们的生物钟和人不一样。你为什么会看到这样的景象？在加班，在备考，还是在失眠？

对多数人而言，"看到每一个凌晨四点"并不是一种健康的、值得提倡的生活，却是一种坚韧的、值得效仿的精神。它代表一个人不浪费时间，专心致志地提高自己，以期达到目标，变得更优秀。"每一个"更说明这种精神的持久性，它代表日复一日，年复一年，一步一个脚印，一天一个进步。长此以往，水滴石穿，金石可镂。

成功者为什么成功？平凡者为什么平凡？他们之间差的真的是天分、智商和机会吗？不是，在绝大多数时候，他们唯一的差距是努力的程度。当有的球员在酒吧喝酒、约会，在床上睡懒觉、看杂志，去片场走秀、捞外快的时候，有的人却选择一直锻炼，直到天黑，直到凌晨四点。天道酬勤并不是一句空话，这样的人才能获得更多荣誉。

这种精神也可以成为一种日常的信念和习惯，如果贯彻下去，你的生活也会得到极大的改善。就拿男人喜欢挂在嘴边的健身和女人整天都在叫嚷的减肥来说，没有人通过一个星期的锻炼就能得到理想的肌肉，也没有人三天打鱼，两天晒网的跑步就能减掉十斤肉。但如果他们肯下定决心坚持，哪怕每天只抽出半小时的时间散步和跑步，他们的身体线条也会有所改善，精神也会更加充沛。半年，一年，他们就可以充分享受到身轻体健的畅快感觉。

比如说阅读，总是有人说自己年轻的时候不懂事，看的书太少，他们甚至会买一大堆书放在家里，也会下定决心啃一部大部头。可惜的是，这些书最多被翻几十页。其实一部几百页的书，一天只要看二十几页，一个月之内也能看完，为什么它们总是被放在书架上积灰尘？为什么人们下定决心，却很难一直实施？

这是因为人类天性中有一种贪图安逸的懈怠，即使他们清楚地知道健身、读书能带来的好处，事实上，他们也经常这样教育后辈、劝告朋友，但当他们着手去做时，却总会觉得今天太累，想要彻底休息一下；健身太费体力，阅读太费脑力，还是看看电脑打打游戏，这才是真正的休息。于是，今天过去了，明天过去了，他们依然为自己松弛的肚皮烦恼，依然为自己的知识储备量汗颜。他们说太忙了，但他们知道自己没那么忙。

懈怠的人总会为自己找借口，他们会夸大自己的工作量，会夸大自己的辛苦，他们将这些借口说给其他人，旁人礼貌地对他们表示同情，但这种诉说有什么意义呢？自己的生活与旁人无关，他们只是看客，看着你渐渐走形的身材，听着你干瘪无味的言辞，不要以为他们会把你当作一个大忙人，他们只把你当没有见识还不知道努力提高的胖子。

懈怠的人并非没有自知之明，他们也会在旁人不赞同的眼光中回过味，但令人惊讶的是，他们中很少有人愿意痛改前非，更多的人喜欢破罐破摔，反正自己都这个样子了，不会有什么改变，于是更心安理得地吃吃喝喝，耗费时间。至此，懈怠完成了它的任务，成功地摧毁了一个人本应该积极、健康、明朗、奋进的生活状态。

你不妨多看看身边的反面例子，那个总是偷工减料的同事，看上去清闲，但却最不得老板欢心，也不可能有升职的机会；那个总在考试前临时抱佛脚的同学，虽然靠小聪明得到不错的成绩，但基础能力却和别人差了一截；那个总说着要画一幅大作的业余画家，至今还没有作品问世……看到他们，你应该立刻警醒，改正所有类似行为，以防步入他们的后尘。

当你疲惫，当你感到挫折，当你想要安逸的时候，不妨想想凌晨四点的样子，多少人正在晨光熹微中进入梦乡，几个小时后又会匆匆起床，继续他们的事业。然后，你就可以这样激励自己：每个人的时间都是有限的，创造才是生命真正的享受。当别人懈怠的时候，我努力了，我就成功了。

06. 你可以宅，但不能懒

　　明和茜正在一家咖啡馆喝咖啡，拘谨地等待对方开口说话，这是现代都市的一幕典型的相亲图景。两个人看上去都心不在焉，再过十几分钟，他们大概就会礼貌地结束会面。

　　两个人一开始就非常反对这次见面，却经不住朋友和亲戚的催促。明听说茜是个只喜欢宅在家里的宅女，他想到宅女的好吃懒做、不修边幅、无所事事，就觉得这样的女性绝对不是合格的未来伴侣。而茜的反对意见竟然和明一模一样，她听说明这个人挺宅，不由想到宅男一有休息时间就在房间里看足球、打网游、聊视频。自己已经够宅了，再添一个，人生岂不是要宅到死？可以说，明和茜都希望自己未来的另一半是户外型的。

　　看到对方的第一眼，发现对方并非自己想象中那样邋遢，反而干净整洁，精神不错，他们小小地吃了一惊。可是谁相亲的时候不是能装就装，这应该只是假象。咖啡杯里还有一半液体没喝完，叫来的点心也一口没动，总不能立刻结束谈话吧？明百无聊赖地问茜平时喜欢做什么，茜百无聊赖地说她是无趣的人，只喜欢在家里做拼布。明接口说他也很无趣，只喜欢在家里摆弄木头。两个人实在不知道干什么，干脆打开手机给对方看拼布和木头的照片。

一看之下，两个人都大吃一惊。明所谓的"摆弄木头"不是收集核桃也不是雕刻一些小物体，而是木工。明自己就能打造桌子椅子，造型还很别致，他最近的计划是购置一批好木头，要做一个衣柜。茜的照片也让明大开眼界，无数块碎布拼出的布包、沙发布、桌布，看上去舒服极了。茜说她准备挑战落地窗帘。两个人不由重新打量起对方，原来明是个技术宅，茜是个手工女，看来他们可以有不少话题。

　　两年后，明和茜结婚了，他们的休息日永远是丰富有趣的。明安心地在客厅里敲敲打打，茜惬意地在卧室里琢磨图样，有时候还会为对方提出意见。他们希望未来的宝宝也有类似的宅爱好，一家人和平共处，美满如意。

　　在很多宅人眼里，"宅"只是一种生活方式，代表他们更喜欢在家庭范围内活动，在自己的小天地里寻找乐趣；但在更多的宅人身上，很难扭转别人对他们的印象，那就是懒。因为他们懒，懒得去修饰自己，懒得去健身，懒得去做除了游戏以外的事。他们甚至可以一天不吃饭，因为懒得进厨房更懒得刷碗。他们会觉得猪圈一样的房间有家的感觉。这种说法自然是以偏概全，但这个世界就是这么不客观，一旦你沾上宅这个字，十有八九的人会觉得你邋遢又不长进，你有什么办法？

　　懒是人生最大的敌人之一，也是虚度青春的症结所在。懒的原因有很多种：从小家长娇惯造成的衣来伸手；生活太累造成的得过且过；便捷的都市生活造成的喜欢贪方便；责任心差造成的推卸和拖延……懒惰，带给自己的仅仅是心理上的舒坦，却长久地制约着人的进步，甚至给旁人带去麻烦。谁都不喜欢懒人，他们是低效率的代名词。

　　懒惰对人的影响也显而易见：懒人不会有太高的效率，他们做什么事都是懒洋洋的，能拖就拖，自然不会有好的成绩；继续懒下去，他们不愿意运动，不愿意与人多谈，这让他们的心情很难保持舒畅；心理上的懒惰造成了他们对周围漠不关心，自然也无法从周围得到乐趣，于是对什么都提不起劲，整天闷闷不乐；他们不主动，不专心，渐渐地不在乎结果，随波逐流，最后连独立思考都会因为倦怠而放弃，懒，足以毁掉你一生的幸福。

有些人明明可以不懒，却一定要为自己找借口：工作太多、能力有限、心情不好、时间不够……只要能让他们歇一会儿，他们什么都可能说。而他们面对的是越来越多的工作、越来越多的家务、越来越多的待完成事项，当所有的一切都堆积在一起，他们却从不反省自己的懒惰，而是抱怨自己太累，有了新的懒惰理由。

懒人看上去总有时间，他们很少主动去做什么事，除非非做不可。他们宁愿青春消耗在床上、闲逛上，也不愿去做正经事。他们的懒骨头和他们的口头禅"我很快就会去做的"一样不能更改，他们对任何事都不耐烦，做一丁点事就累得不得了，似乎刚完成长征。他们对自己的要求越来越低，他们不在乎虚度青春，因为青春就是用来休息的。

只有行动才能克服懒惰。这个时候，高强度的工作绝对是一件好事，它能强迫你变得勤快。而勤快也是一种习惯，一旦你的身体、你的大脑适应了某种节奏，就会把你生活的其他部分也带到这种节奏中来。硬逼着自己去做任何需要动起来的事，不要在三分钟之内就躺回床上；硬逼着自己去思考一个问题，不想出结果决不罢休，都能让自己更勤快。如果对自己的意志力没信心，那就曲线救国吧。找一些你觉得有趣的小事情来做，尽量多做细做，培养耐心和动手能力，这也不失为一个办法。

要时刻提醒自己懒惰的后果，你会因为懒惰而落后，你的功劳会成为别人的功劳，你的奖金会变成别人的奖金，你的房子会由别人先买到手——你在乎什么，就用什么提醒自己。对付懒，温和的语言和方法没有任何效果！你是不是一个懒人？别在家里无所事事，赶快动起来吧，你可以放松，可以休闲，可以宅，但决不能懒！

07. 没竞争，你永远都不知道自己有多优秀

1859 年，英国生物学家达尔文的著作《物种起源》出版，这部书与马基雅维利的《君主论》、哥白尼的《天体运行论》、牛顿的《自然哲学之数学原理》、哈维的《心血运动论》、孟德斯鸠的《论法的精神》、亚当·斯密的《国富论》、克劳塞维茨的《战争论》、弗洛伊德的《梦的解析》以及爱因斯坦的《相对论》，被誉为"影响人类进程的十大著作"。

达尔文经过多年的学习、思考、实地考察，提出了进化论思想，改变了人类对自然、对社会、对自身的根本认识。一时间，神学家们猛烈抨击，神的子民们也不愿相信自己竟然是由猿类进化而来。但科学的脚步无法阻挡，一个多世纪过去了，进化论思想已经成为全球多数人的共识，并影响了无数学者，迄今还主导着我们对生命的认识。

世界为什么会是现在这个样子？人类为什么是自然的统治者？人类靠什么得到了支配权？为什么有些物种会消失？生存究竟是什么？这些问题都能在进化论思想中找到答案。而关于生存，最简单的法则由达尔文忠诚的拥护者赫胥黎提供：物竞天择，适者生存。

有一个耳熟能详的故事，想必大家都听过。

非洲草原上，每天太阳刚刚升起，羚羊妈妈就告诉小羚羊：快点跑，不然会被狮子吃掉！狮子妈妈则告诉小狮子：快点跑，不然你会饿死！于是，羚羊和狮子都在生存竞争中锻炼出敏锐矫健的体魄。

人类也是如此，从原始社会开始，我们就要面对种种斗争：和大自然的凶猛的斗争，和压迫者的斗争，和邻国侵略者的斗争，所有斗争的实质都是生存竞争。而进入现代社会，我们暂时远离了枪炮硝烟，但生存竞争依然每时每刻伴随着我们。

从我们记事开始，就要学习各种各样的知识和技能，为的是父母不在的时候我们能够照顾自己，为的是得到旁人的夸奖和小朋友们的羡慕；当我们进入集体，总是希望自己的成绩高一些、老师的夸奖多一些；等我们渐渐懂事，开始明白所有的积累都是为了进入更好的学校；在学生时代中晚期，我们就明白学习知识是为了有更好的工作和生活……

对现代人来说，最珍贵的是什么？一个是资源，一个是机遇。有资源的人总是有做不完的事，当然他们也可能面对"万事俱备，只欠东风"的情况，这个东风就是机遇。有些人努力一辈子，也没得到合适的机遇。所以，对一个成功者来说，资源和机遇缺一不可。

这也在说明，即使你手中有充分的资源，如果你不善加利用，它们就会变成别人的资源。而且，很多资源有时效性，你一个拖延，一个偷懒，它们就不再是资源，而成了累赘。所以，面对竞争，你只能拿出"更高更快更强"的精神，而不是为一点点资源而沾沾自喜，忘了自己是谁。要知道，不知有多少人盯着你的位置，一旦你不谨慎，随时都会被超越。

现代社会提倡合作的重要性。人与人之间有一种竞合关系，互相帮助，互相搭桥，取得双赢，这是最理想的情况。想要赢得竞争，你不能单枪匹马，你需要朋友，需要合作者，需要指导者，所以，竞争并不是要求人们冷酷、狡诈、不断欺骗他人。恰恰相反，如果你有教养、有原则、守信用，反而更有竞争力。

换言之，竞争能提高你的各方面素质，如果你因为竞争把生活搞得一团糟，你一定用错了方法，也不会是最后的成功者。竞争应该是一种正向性质的行为，它可以改善你的生活，让你由懈怠变得勤勉，由消极变得积极，由无序走向有序，由被动变为主动。正视竞争，勇于竞争，你会有这样令人惊喜的改变。如果你坚持认为现在的生活是最好的，不想和人竞争，那么10年、20年之后，你会看到别人得到了更好的生活，你在原地踏步。这种前景，你还能排斥竞争吗？能争的时候就去争吧，不要错过黄金的年龄。

值得一提的是，竞争虽然不是你死我活，却也涉及切实的现实利益，这必然会让竞争对手之间产生各种冲突，甚至互相看不顺眼。不论面对什么样的竞争、怎样的对手，竞争手段必须有底线，你可以奇谋迭出，但不要失去个性中的正直，不要以令人不齿的手段赢得竞争，这才是一个出色的竞争者的本分。如果你的竞争手段太过低劣，你的形象和信誉也会一跌到底，你将输掉更重要、更多的资源。相反，如果你始终光明磊落地竞争，你得到的将比失去的多得多。

马赛，法国著名港口，很久以前，这里是一个小渔村，男人忙着出海，女人忙着持家，最有名的特产是用各种杂鱼熬成的热鱼汤。渐渐地，有头脑的人开始经商，驾着商船去其他国家做买卖。其中，博斯和塞克里最富有，他们各自有十几艘商船。

同行相忌，博斯和塞克里关系也很紧张，甚至爆发过正面冲突。从此以后，二人干脆互不搭理。博斯性子急，经常在人前不屑地评论塞克里，塞克里对此嗤之以鼻。

一个夜晚，塞克里照例在港口巡察他的商船，他是个细心的人，每天不检查一遍未出港的船只，就觉得不放心。这天他的船大多去了塞浦路斯运货，只有三艘装满马赛的物产，等待明天顺风时出航。检查完毕，他就在港口漫步起来。他看到博斯的十几艘船都停在港口，很有气势，不由暗自生气，打算明年继续购置船只，在气势上一定要超过博斯。

突然，塞克里注意到有个影子偷偷溜上了博斯的一艘船。塞克里心思细，直觉这个人鬼鬼祟祟。果然，男人在博斯船上放了一把火。此时港口根本没有别人，如果放任火烧下去，博斯不知要损失多少条船。塞克里犹豫了一下，还是大声喊道："救火啊！着火了！"

渔民们匆匆赶来，火被扑灭，纵火犯也被抓到。原来他是博斯的船员，因工作出错误被博斯解雇，怀恨之下便要烧掉博斯的船只，没想到被塞克里发现，只烧坏了一条船。博斯没想到老对头有这样的心胸，感慨万分。从此，博斯和塞克里成了好朋友，他们放弃了意气之争，发挥各自的优势，把生意越做越大。

同行是冤家，但同行之间并不存在你死我活的深刻仇恨。如果仅仅是因为利益上的纠葛和言语上的不合，就坐视对手的财产毁于一旦，这显然有违做人的道德。塞克里并没有落井下石，而是帮助了他的老对头，即使他和博斯并没有成为朋友，他也并不会损失什么。而在现实生活中，很多人不明白这一点，他们总是以为对手有损失就是自己在获利。

事实并非如此。尽管人有逐利的欲望，也有竞争的意识，但并不是所有人都成了不择手段的奸诈分子。事实上，这种人占的比例并不大，多数人升职也好，经商也好，从政也好，靠的都是一步一个脚印的付出。他们能比别人走得更快、更远，是因为他们比别人更努力、更辛苦，而不是比别人更不顾廉耻。对他们来说，竞争对手并不是障碍物，而是前进的动力。

竞争对手，是你的标杆、你的定时器。当你取得了一些成绩，难免有些骄傲，身边的人的称赞，又助长了你的自满。你已经准备开个庆功宴，并想好好休息一番。这时候，看看你的竞争对手吧，他们正摩拳擦掌准备新的战斗，你还敢放松警惕吗？重视竞争对手的人永远不敢掉以轻心，他们会用全副精力巩固成果，再创新高。

在对手那里，你能学到最多的东西。想要成功，有没有最快捷的教科书？有，你只要看看那个总是超过你的对手是怎么做的，就知道自己差在哪里；你只要将他的优点照葫芦画瓢地学过来，就能前进一大步；你只要不断为自己找到这样的对手，不断以他们为参照，就能一直进步下去，并把他们甩到自己后面。这是很多人成功的秘诀，屡试不爽。

诋毁对手是最没修养的行为。竞争不是动物在争夺食物，你必须时刻注意自己的形象。千万不要因为任何原因诋毁你的对手，即使他们真的有道德、行为上的缺陷，公道自在人心，你要保持你的风度。同样地，来自对手的赞美才是最高的赞美。如果你的品德能让对手心服口服，那么你一定是个不多见的成功者。

和对手成为朋友，需要大魄力、大心胸。如果你的对手又是你的朋友，你们平日互相切磋，彼此提高，互相竞争，又能够合作，这无疑是你生活中的一大营养品。这也需要你既戒备，又大方，考验着你的自信。可以试着这样做，你会学到更多的东西。看看那些真正拥有巨额财富的富翁们，他们之间总是互通有无，他们首先有大气度，才有了大事业。即使你无法和对手友好相处，也不要与他们势同水火。

此外，在竞争中，你也要考虑他人的利益，不要因为自己的逐利行为就把他人逼上绝路。就像老板不能只知道压榨员工，否则他的公司早晚会垮掉。关于竞争，每个人应该牢记：做对自己有利的事，尽量不要伤害别人，就是本分。

08. 对每一刻时间精打细算

这是一个高效率的社会，怎样在最短的时间里，消耗最少的资源，得到最大的收益，这一点是非常重要的，也是我们每个人所追求的目标。告诉你，这并非不可能，因为时间是可以被更好地管理的。所谓时间管理，是指在同样的时间耗费状态下，为提高时间的利用率，而实施的控制工作。

你也许会对社会上那些著名的企业家、政治家感到怀疑，他们每天有那么多事情要处理，还能将自己的时间安排得有条不紊。他们不但能抽出时间阅读自己喜欢的书籍，以休闲娱乐来调剂身心，并且还有时间带着全家出国旅行，为什么？就是因为他们比别人更善于管理时间，并将之有效运用。

我们先来看一个例子。

著名的设计师安德鲁·伯利蒂奥曾经是一个极度珍惜时间、疲于奔命的工作狂，每天他把大量的时间用在设计和研究上。除此之外，他还负责公司很多方面的事务。他风尘仆仆地从一个地方赶到另一个地方，不放心任何人，每一件工作都要自己亲自参与了才放心，所以他看起来忙碌极了。

"为什么你整天忙得晕头转向？"有人问。

安德鲁无奈地说："因为我管的事情太多了，而我的时间又太少了！"

时间长了，安德鲁的设计受到了很大影响，常常到最后关头才拿出作品，并且因为时间紧凑，作品的质量常常不尽如人意，更别提取得令人骄傲的成绩了。安德鲁对此很不解，便去请教一位教授。

教授给出的答案是："管理好你的时间，做对你的事情就行！"这句话给了安德鲁很大的启发，他突然发现自己虽然整天都在忙，但能产生真正价值的事情实在是太少了！这样做实在一点好处也没有，反而制约了目标的实现。

从此，安德鲁调整了时间分配，他洒脱地把那些无关紧要的小事交给助手，自己则把时间集中用在设计工作上。不久，他写出了《建筑学四书》，此书是建筑界最有影响的书籍之一。他成功了！对于自己的成功，安德鲁给出了解释："不能以自己认为合理的方式去处理问题，就某件事情一直工作完为止，而要明白，把许多问题放在优先次序中，并优先做那些重要的事。"

有效地管理时间，最重要的就是先做重要的事。道理很简单，每天总有几样事情等你处理，如果你不会区分轻重缓急，把精力花在无关紧要的事情上，而重要的事情则一拖再拖，期间你的精力会被一点点地消磨掉。当你精神状态不好的时候，怎么可能把重要的事情完成呢？一个老是无法把重要事情完成的人，效率怎么会高呢？而且你的行为肯定是杂乱无章的，甚至还会做许多无用功。

分清轻重缓急，设计优先顺序，这是管理时间的精髓，也能最大限度地创造出自己的人生价值。因此，千万别把重要的事情都推到最后，更不要整天总是集中精神在一些无关紧要的事情上。那些小问题可以先放在一边，或者交给他人处理，一定留出足够的时间去处理重要的事情。

让我们来看看管理顾问莉莎是如何做的，相信你能够得到不少的启示。

莉莎是一个出色的管理者，但她并不是工作狂。她逍遥自在，业绩斐然，这都是"ABC整理法"的功劳。

莉莎的手上从未同时有三件以上的急事，通常一次只有一件，其他的事则暂时摆在一旁，而且她会把大部分时间拿来思索那些最具价值的工作，比如公司的总体发展规划、年度工作任务、行业发展前景等；莉莎只参加重要客户的会议，走访一些重要顾客，然后，把精力拿来思考如何实现与重要客户的交易，以及公司如何能够获得最大利益，接下来再安排用最少人力达成此目的……

除此之外，要想让时间超值，你还可以"并行工作"。什么是"并行工作"呢？就做这件事的同时也做那个事，把可以一起进行的事情并行安排，除掉不必要的等待时间，这无疑是一种对时间的高效利用，办事效率也会很高。

不信你可以试试，如你可以一边接听客户电话，一边打开电脑查阅需要的资料，这样不仅听明白了客户的疑问，同时通过查阅数据资料，也帮客户解决了疑问；你还可以在会议中，跟同事讨论工作内容的同时，动笔做好谈话记录……这些数不清的小细节组合起来，就产生了不一般的效率。

别担心并行工作时你会手忙脚乱，我们的大脑有着十分特殊的结构，它是受大脑神经系统控制的，而我们的动作则是受小脑的控制，因此我们的身体在从事某项工作的同时，大脑还可以完成另一项工作。对一个头脑和身体均正常的人来说，同时处理较复杂或较富创造性的工作是完全可以的。

第二辑

/

卓越仅仅是个习惯，
习惯可以养成，也可以打破

/

习惯是一种顽强而巨大的力量，
经年累月影响着我们的行为，左右着我们的成败。
好读书和思索的人，收获知识和智慧；
遇事总抱着积极心态的人，收获的一定是成功和幸福……
卓越仅仅是个习惯，但习惯绝不是一蹴而就，
而是需要长期的努力和无比的毅力。
打破坏的习惯，养成好的习惯，
你会发现，你将一天比一天更走近渴望中的新生活。

01. 坏习惯哪怕再小，也要将它扼杀

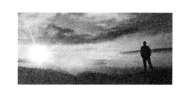

　　如果我们对坏事始终保持高度的警惕，并严格地要求自己，身边还有人不断监督，那么我们很难完全变坏，因为很快就有人对我们进行矫正。但仍然有一种"坏"，无关道德，仅仅是个人习惯不够礼貌，让我们显得修养不足，这却不是旁人能够纠正的了。不会有人像幼儿园老师一样纠正你的一举一动，在这些事上，你必须自励。

　　另外一种"坏"则是心理上的，它只停留在心灵层面，人们根本不会将它表现出来，例如自私、冷漠、狠毒等。有些人在表面上看上去温和、礼让、遵守道德，但内心世界却一团黑暗，重视自我，漠视他人，忌妒心强，好斗成性。他们努力地压制着自己的冲动，这些冲动又让他们的灵魂挣扎而不安，这样的人当然说不上幸福。

　　但所有的"坏"都需要人们尽力克制，它们就像有生命力一般，一旦你不压制，就会像藤蔓一样生长起来，蔚为大观，再也压不下去。而它们最初都是经由些不起眼的小事介入到你的生活之中，渐渐成为你的习惯，进而依靠惯性推动你的行为和心理。只要不涉及大是大非，不特别影响生活，人们就会忽略它们，认为人非圣贤，谁都有缺点。但是，有些缺点不适合有，

最好一辈子都没有，否则你一定会被它折磨。一旦它根深蒂固，你就算想改也需要花大把力气。黎先生的经历也许更能让你明白习惯的可怕。

黎先生如今迈入了成功人士的行列，他先后在国企、私企做过销售，后来开了自己的外贸公司，经过几年发展，已经小有成就。有车有房的黎先生却有个难言之隐，他总是改不了两个小习惯：骂脏话和吐痰。

第一个习惯，也许来自小学时代的一段荒唐时光。那时候黎先生总和家附近的小混混一起玩，而小混混的标志就是骂脏话，还要比赛谁骂得更狠、更脏、更气人，那时候黎先生觉得骂人是一件很酷的事，全然没有留意旁人看着他的异样眼神。黎先生的父母工作太忙，根本没留意到他的这个习惯。直到小学五年级，黎先生和人打架受了伤，才在父母的管教下重回正轨，慢慢改掉自己的口头禅。但直到现在，黎先生一着急，或者一看到什么特别不顺眼的事，总忍不住骂出来，话出口后他自己都吃上一惊，连忙道歉。

另一个习惯不但不礼貌还不卫生，来自黎先生小时候和爷爷的共同生活。爷爷不太注意卫生，嗓子里有痰就随地吐，幸好有勤快的奶奶随时打扫。很不幸的是，不懂事的黎先生学会了这一举动，上学后有所收敛，成人后更不敢在人前表露。但有时他总觉得喉咙痒痒，特别是在紧张的时候，总要吐上一口才觉得舒爽。这个习惯让他痛苦，每当他需要在人前讲话，总要担心嗓子眼儿里是不是又要卡一口痰。

最近，黎先生决定一定要改掉坏习惯，因为他即将成为父亲，他深刻地知道小孩子的模仿能力有多强，也知道一些不起眼儿的小习惯，影响力会持续多久。

有些生活上的习惯一旦养成，很容易伴随人的一生，黎先生的经历说明了这一点。当初一个小动作，做得顺手成了习惯，今后就要花几十倍的力气去改，还不一定改得过来。所有坏事，不论品德上的还是心理上的，或者行为上的，怕的不是尝试，而是习惯。一旦陷入某种习惯，大脑、肢体、精神就会渴望一而再再而三地重复它，以满足需要。可见我们必须经常性地观察自己，规范自身的习惯。那么如果已经养成了坏习惯，应该如何改正？

意志力是关键。一旦发现自己有坏习惯，影响了形象、心理感受或生活，就要马上下定决心克服，刻不容缓。当然你会马上发现，因为长年累月的影响，你似乎在跟某种天性做斗争，看似容易实则难缠。你提醒了自己一次，第二次又会不知不觉地走回原来的轨道。所以，更改习惯是一个长期的、反复的过程，必须有强大的意志力做基础。这样做的好处是当你明白习惯的难缠，你会主动地观察自己的其他坏习惯，并随时督促自己别再添毛病。

监督。可以坦率地将自己的目的告诉身边亲近的人，请他们帮忙监督。正式的说明，会让他们有一种使命感。例如，一个人正式宣布戒烟，就连他的邻居也会提醒他："你不是戒烟了吗，怎么又拿起来了？"在层层舆论压力下，很容易改正习惯。当然如果你屡教不改，身边的人就会灰心，视你为信用欠费、不可救药的人，他们就算愿意帮你第二次，也不会像第一次那样积极、严厉、负责，会让监督效果大打折扣。

惩罚措施。没有惩罚的犯错很难让人留下深刻印象，所以，要给自己制定严格的惩罚机制，一旦触犯，必须实施，不能对自己心软。人一旦对自己狠下心，就会发现一切困难都能迎刃而解，那些看上去很难做到的事，仅仅是因为决心不够才失败。根据你的实际情况制定惩罚，不要高于承受范围，也不可太没重量，否则就不会有效力。

用新习惯代替旧习惯。这是一个屡试不爽的好办法，需要你不断强迫自己，有意识地持续做同样一件事，将它定性下来。例如，有人喜欢把牙刷头冲下放进杯子里，这容易滋生细菌。想改掉这个习惯，你需要不断地提醒自己"冲上、冲上"，每次刷牙都要提醒几遍，用大幅度的动作重复几次。科学实验证明，只需要20天，你就能养成一个新习惯。当然那之后你需要不断地巩固，否则旧的习惯又会卷土重来，让你的努力全部泡汤。正因为它的难缠，我们才要留意每一个坏习惯，哪怕是最小的，也要争取将它扼杀在萌芽状态。

02. 把事情一次性说清楚，让事情一次成型

万事万物都有关联，人的习惯更是如此。

那些浪费时间的人，他们的各种习惯都有一个特点——拖。他们说话不是吞吐，就是说上句忘下句，总是把一句话说上好几遍，或者补充个好几次，就像做一件衣服还要打几个补丁，让人听着着急；他们做事的时候丢三落四，按下葫芦浮起瓢，慌手慌脚，让人看着都替他们担心；如果你进入他们的生活区域，未必看到一片狼藉，但一定缺乏条理，让人觉得乱。

而那些注重效率的人，他们的习惯也有一大特点——条理。他们说话非常有逻辑，总能以最简短、最清晰的语言让人听得明白；他们做事注重计划，一个清楚明了的记事本随身携带，时间的安排分毫不差，他们绝不会在约会时迟到；他们的生活区域未必有多整洁，但他们清楚地知道各样东西放在什么地方，想使用可以在第一时间拿到。

习惯不同，做事时的状态也不同。前者总是慌里慌张，他们心里总是觉得少做了一件事，又想不起这是一件什么事，为此不安，影响手头的工作。其实未必有这么一件事，只是他们记性太差，做事太没谱，导致信心不足，总是担心有没做好的部分。但越是这么担心，越容易出错，恶性循环下来，

也难怪会成为健忘小姐和慌张先生。

不得不说，有时候我们浪费时间并不是有意的，我们并非懒惰，也不愿意虚度光阴，但因为自身不良的习惯，导致别人做一个小时的事，我们却要做三个小时，结果还不太理想。这样的情况持续下去，我们就会开始质疑自己的能力，嘲笑自己的认真，索性考虑慢一点、混一点、马虎一点也没关系。于是，很多一开始不愿意混日子的人，也加入拖延大军。

而成功的高效率同样源自一种习惯，这种习惯首先要保证日常生活的一切井井有条，不会为琐事耗费时间，要保证不论说话还是做事都能一次成型，这样就省掉了修改、补充的时间。这就要求我们做什么事都要认真而专注，哪怕是最简单的扫地，如果你溜号，都需要再扫一次，何况是更重要、更麻烦的事。

阿果曾是一个"啰唆小姐"，她相当健忘，出门忘带钱包，买菜忘了拎袋子，和人约好的事记错时间，都是她经常做的事。因为自己爱忘事，她也喜欢提醒别人千万不要忘记某件事。别人听到腻烦，最后她自己却忘得一干二净。

和阿果共事是一件头疼的事，她总是不断地说："对了！我又想起一件事！"结果，别人的计划表上就总要记录上她想起的事，刚刚想到的计划又要做出更改。阿果是个教师，她在课堂上也喜欢不断说："对了！还有一道题，你们要记住，这道题也很重要！"学生们也对老师的啰唆表现出不耐烦，影响了阿果的期末评分。

阿果终于意识到自己不能再这样糊涂下去，但想要改变长期的习惯，却苦无对策。同办公室的一位老师个性麻利，她建议阿果从最简单的事做起，这件事就是不论说什么事，都要一次性说清楚，不要补充，要把所有要点都包括在内。

起初，阿果没法习惯，她叫人买菜，总是中途打好几个电话，说突然想吃南瓜、忘记了西兰花、酱油没了等。后来她干脆写一张买菜清单，列上所有需要的东西，查缺补漏绝不遗忘。在上课之前，她也一样会反反复复地检查到底要讲多少内容，怎样才能讲授得 更有条理，怎样安排由易到难的顺序。和人谈话，她也不断地打腹稿，三思而后言，避免出现啰唆的情况。

半年以后，阿果简直变了一个人，做什么事都有计划，随身的记事本上一项一项，一目了然，说话也不再有那么多口头禅，更不会说完一件事马上就补充。她的讲课水平也提高很多，越来越受学生欢迎。阿果没想到，一个语言习惯的改变，竟然彻底改变了她的生活。

改变一个习惯，做一个新举动，有时会带动整个生活状态的更新。故事里的阿果通过锻炼说话做到了这一点。我们还能看到更多类似的例子：一个普普通通的女孩开始想穿着更体面，结果为此不断工作赚钱、学习关于美妆和衣着的各种知识，最后成了女神级别人物；一个毫不起眼的男人因为想给孩子弄一个排时间的小软件，最后开发出一整套学习系统。这些看似不可能的事却真实地发生着，所以，每一个不想浪费时间的人也能有这种改变机会。

把要说的话一次说清楚，锻炼的是你的思维能力。你需要有逻辑，有观察力和概括力。一些关于简单逻辑的小书既方便又有趣，可以当你的教科书，帮你认识到思维上的误区。你还可以仔细听听自己平日如何说话，那些简洁有力的发言者如何说话，总结你们的语言习惯究竟差别在哪里。只要你多听几次，心里就会有数，然后就能着手纠正。

让要做的事一次成型却不简单，首先要排除那些本身就需要反复修改、精益求精的任务。日常生活中的每一件事都需要你专注，不要以为三心二意、一次做好几件事就是节省时间，事实上，你没那么多的心力。不如将事情排个顺序，一件一件来，做一件事情的时候，你的所有脑力和体力都要为它服务，不想任何其他的事。这样试上半个月，你就会发现自己的生活清晰了许多，做事快了许多，初步体会到条理带来的便利。

困难总会在前进道路上出现，想要塑造一个好习惯并不容易，你也会遇到瓶颈，发现自己裹足不前，这个时候要以平常心看待，千万不要因为一时的挫败感，就重新开始慢慢吞吞，犹犹豫豫，绝对不可以走回头路！这种决心会让你更加激励自己去练习，去计划。慢慢地，你会发现就连你的性格也果断了不少，这真是意外的收获！

03. 开头需要决心，收尾需要毅力

珍妮被朋友们称为"计划大王"，她总是有无数个亟待实施的计划。比如，她想当个烘焙师，甚至买了烤箱和模具；她想当美容大王，已经买了一整套脸刷；她希望征服瑞士的某座雪山，曾研究过登山俱乐部；她想做 DJ，练习过几天发音……有人曾看到过珍妮的计划表，上面条条框框，非常完整。

但珍妮很少真的去做某件事，她喜欢对一个想法深入思考，详细调查，做出计划，但总是不能真的下定决心。她并非一个喜欢做白日梦的懒人，只是想到计划一旦开始就不能停止，将要耗费许多时间，却不一定有什么成果，所以总是迟疑不定，不肯动手。而她又是个思绪丰沛的女孩，很快就被其他有趣事物吸引，不再想之前的计划。

因为对各种计划的详细调查，珍妮成了朋友中的"万事通"，哪个朋友想做什么，找她问一问，准有详细又有帮助的答复。朋友们大多在这些兴趣中得到了乐趣，而珍妮呢，她还是和以前一样，对任何事都开不了头，只能在起点观望。

中国有句古话：万事开头难。我们曾经有无数个梦想，有些是遥不可及的，有些是力所能及的，为什么诸如"学做蛋糕"、"去登山"之类的简单愿望也没能达到？就是因为我们总是浅尝辄止，开开头就觉得烦了累了，先放下再说吧。这一放，就不知道多少天、多少年。很快，我们就会忘记曾有过这个计划，只在某天看到别人做到这样的事，才会想起自己也曾象征性地努力过，于是只能说一句："真可惜，当时坚持一下就好了。"

在我们的人生中，这样可惜的事恐怕数不胜数，为什么我们总是开不了头？一是因为觉得事情不够重要，不是最迫切的，所以可以拖延；二是因为懒惰，想一想多么轻松，真的要去动手就太累了。换言之，你的行动力太差了。不要因为一件事不是生活必需的就不去做，你又怎么知道它今后占据的位置呢？要克服自身的惰性，否则你连正事都做不好。

还有一种人喜欢做计划，他们享受计划一件事的过程，并在过程中得到了所有的满足感。但是，花了那么多时间做计划，却什么都不去尝试，你的愿望的目的难道就是一张计划表？它除了说明你曾有这个愿望，还有什么作用？其实你只是在害怕，害怕已经有如此详细的计划，如果达不到目标多么丢脸，所以宁可不去做。

由此看来，一件事能开始真不简单，要克服懒惰、克服胆小、克服各种心理障碍。但这都是借口，想想你上学时候的清晨，每天早上都留恋着温暖的被窝，恨不得一辈子不起床，这时候只要妈妈大叫一声："快起床，要迟到了！"你就会连滚带爬地跳起来，完成洗漱、早餐、穿衣服、出门等一系列动作，流畅迅速，绝无拖沓。看到了吗？想开始一件事，你需要的不是克服心理障碍，而是大叫一声："马上去做，再浪费时间就做不到了！"

宠物收留中心的负责人说，每一年圣诞节之后，城市里就会出现一大批被遗弃的猫狗。

一位义工对人们收养宠物又将它们遗弃表示无奈，他说："很多人因为小动物可怜或者可爱将它们带回家，但却发现它们根本没有良好的卫生习惯，饮食也有一定的挑剔，并不与人亲近，照顾起来比想象中麻烦，就将它们遗弃。但这对那些恋家的动物来说，是极大的伤害。我建议所有人在没有充分了解饲养宠物的注意事项之前，不要轻易收养动物。"

中国还有句古话"靡不有初，鲜克有终"，说的是人们很难把一件事做完整，都是出于一时的想法开始了一件事，在过程中倦怠，或者因为困难选择放弃。有志者事竟成只适合少部分人，大多数人的情况是常常立志，三分钟热情，很少坚持一件事到最后。看到麻烦就缩手，看到困难就退后，这是意志与责任感的双重缺失。放弃的原因主要有以下三个。

疲倦。一时的新鲜给人以刺激，让人觉得有趣。长时间重复做一件事，谁都会感到腻烦，开始怀疑做下去到底有什么意义。如果没有强制性的规定，人们从主观上就会放弃坚持。这说明他们在做这件事的时候还不够专注，还有心情胡思乱想。当你做一件事的时候，最重要的是去思考如何将它做得更好，而不是它真累、它真烦、它真无聊。否则你什么也做不到。

松懈。计划完成了一大半，最大的困难已经突破，剩下的部分只要按照计划走就能做到，于是不管心理上还是行动上都松懈下来，甚至觉得明天这件事就会大功告成。然后步调就会放慢，警惕性就会降低，甚至干脆歇一歇。这时候，意外又出现了，所有事功亏一篑；或者对手趁着你放心休息的时候，抢先到达了终点；或者时机已过，做什么都没用了。你觉得冤枉吗？你觉得后悔吗？

缺乏责任心。这并不是故意要扣大帽子，就算你做的事不是养猫养狗，一旦你开始，就对它有一种责任，你需要把计划执行到底，除非有什么非停止不可的理由。你以为你是在对其他事物负责？错了，你是在对自己的选择负责！如果你连自己的意志都不能贯彻，你拿什么去把握未来？人最应该对自己负责，这种责任感体现在每一件小事上。具体说来，你完成自己定下的目标，履行自己说过的话，就是在培养责任心。

现在让我们重新思考：开头和收尾哪个更难？

事实是，想做的话，凡事都不难。开头需要决心，收尾需要毅力。好的开始和坏的开始有什么区别？前者不达目的誓不罢休，后者可有可无做不做都一样；完美的结尾和虎头蛇尾有什么区别？100步和99步的区别就差一步！你的未来由什么决定？每一件小事！不论是工作还是爱好。你需要计划，需要决断，需要责任感，需要毅力。记住，将一件事做到完美，首先就要让它有始有终，完完整整。

04. 学会统筹，做一个"千手观音"

　　娜娜是一家报社的记者，每天在城市的各个角落跑新闻，采访，写稿，有时候直到凌晨三四点还在赶稿子，恨不得把24小时变成48小时。

　　娜娜特别羡慕她的上司付小姐。付小姐几乎是"人生赢家"的代名词，年纪轻轻就当上了栏目主编，只需要指挥所属部门的记者和编辑，平时根本不用跑腿，只在重大场合或采访重量级人物时才出马。娜娜不止一次听她打电话约朋友在某个有名的咖啡厅喝茶，也暗暗羡慕付小姐完美的身材和皮肤，据说她隔几天就要去一家美容院做全身SPA。娜娜和同事们感叹，有钱也就算了，竟然还有那么多休闲时间，当主编就是好！

　　有一次报社酒会，娜娜大着胆子对付小姐说了心里的想法。付小姐看上去哭笑不得，她拉着娜娜，详细诉说了主编的不幸生活：一次次选题，一次次审稿，还有来自上上下下的压力，有些记者开了天窗，有些选题突然不能刊登，总是有突发事件需要处理，有时候头发一把一把地掉，她还曾羡慕过当初小记者的生活，只要忙完工作写完稿，其余的事都不用管，就算有什么问题还有主编挡着……娜娜惊呼："可是！你看上去总是那么悠闲！"

"那是因为我已经有多年的工作经验，能够合理安排我的时间。何况，如果我看上去狼狈不堪，上司会怀疑我的能力，也管不住你们，更压不住采访的场子。"付小姐眨眨眼，低声对娜娜说。娜娜心领神会，她认为自己得到了一个不得了的成功秘诀。

成功人士很少让人看到自己忙得焦头烂额的样子，他们看上去游刃有余，但只要仔细观察过他们的生活，就会发现他们的行程表简直精确到每分每秒，并惊呼自己绝对过不了这种高强度的生活，再感叹幸好自己是个普通人。随即又会奇怪，为什么同样是一天 24 小时，自己稀里糊涂地过去了，什么都没记住，那些成功人士却处理了那么多公事，还能健身、阅读、遛狗？这件事听上去怎么那么不科学？莫非他们都是千手观音？

"千手观音"们没有那么神奇，他们充其量比别人多一些经验，更懂得有效地利用。他们忙碌，但从不瞎忙，如果发现某个时间段做某件事没有效果，他们宁可休息。他们最懂得忙里偷闲，在大块的时间利用缝隙做一些小事。他们的计划表有条不紊，又不会过于烦琐。他们个个都是归类高手，快来学一下他们的经验吧：

事前计划和统筹。设想你是一个将军，你要完成的各项任务就是战略目标，你的生活琐事就是战争后勤，那么你最先需要做的就是把所有事聚拢到一起，百无遗漏地进行综合考虑。重点要做什么，空档期可以做什么，哪两件事关联大可以同时进行，哪件事需要占最大的时间……你需要一张纸一支笔来进行归纳，所有事都能一目了然。当然，一开始你会发现自己的计划总有错误，估算总是不对，没关系，所有"千手观音"都是这样修炼的，未来会更好。

事中灵活调整。如果事情的进展如计划表一般，我们将节约多少时间，节省多少心力？可惜那是不可能的！在你想做某件事的时候，你碰到的只会是困难和意外！它们就是来打乱你的节奏的，所以你千万不要慌张，拿出一开始的计划表调整吧，依然要把最重要的事放在最重要位置，依此类推，还可以加快速度省出时间应付新任务。你处理意外的时间越短，越能说明你的能力，所以，要将它们视为考验，努力地去挑战。

事后查缺补漏。做完一批事之后，千万不要忙着睡觉，赶快坐下来，静下心，看看每件事的结果，有没有进步空间？用另一种组合方式会不会更快？有什么事需要补充？倘若你事后检讨、吸取经验的时间和订计划的时间一样长，恭喜，下一次你一定能制订更完备的计划，不久之后你就会发现你的效率大幅度提高，已经有了"千手观音"的初步形象。

对"千手观音"来说，事情都是一批一批做，但一定要注意，这些事有大有小，有轻有重，做小事完全可以当作在休息。千万不要让几件重要大事齐头并进，这很容易让你顾此失彼。在同一批次中，要有最重要，最多再加一件次重要的大事，另外的大事放入下一批次，不可以乱了这个规矩。也不要把小事无限制地塞入一个批次中，太多的琐事会分散你的精力，耗费你的时间。一个批次的事情不能太多，否则你自己都会觉得头大。

世界上没有天生的"千手观音"，所有能够兼顾的人都经过长期的、艰苦的摸索和实践，不要一开始就幻想同时做好每一件事，要循序渐进地培养自己的统筹能力。先做好一件事，再同时做好两件事，你也会慢慢明白统筹规划的乐趣所在：重点突出，前后分明，张弛有序。就像一个杂乱无章的房间里，所有的东西都归回它原来的位置，事情的进行和解决也可以这么简洁明了、轻松愉快。

05. 你的信用，比银行更可靠

当我们兴致勃勃地幻想自己的未来时，当我们为自己的未来储藏第一桶金子时，当我们暗暗计划第一个"五年计划"时，却难免感叹人生风云莫测，我们可以为自己的健康买一份人寿保险，为自己的财产选择一家银行，却无法为自己的事业上一份保险。怎样才能保证自己的事业顺利，或者即使有什么困境，也能东山再起？

让我们稍稍偏离这个问题，从一件小事入手思考：你浴室里的沐浴露是什么牌子？你的面霜又是什么牌子？忽略掉价格因素，你愿意选哪些牌子作为日用品？绝大多数都会选择那些信誉好、口碑好的大品牌。大品牌为什么深入人心？有些大品牌价格比小品牌高很多，但人们依然选择这个牌子，这就是信用的力量。

信用为什么有如此威力？这来自常年的积累。大品牌最初只是小品牌，在它们上市的时候，市场上还有数家大品牌与它们竞争。它们能够争得一席之地，靠的是产品的质量、功效、售后。在这些品牌背后有值得信赖的团队，他们能为产品负责，能保证生产环节的卫生、销售环节的方便灵活，以及售后环节的完备。有些品牌靠广告和营销声誉鹊起，但能够在市场上屹立不倒的，靠的都是多年的信用。

信用还有一个巨大的作用，就是在这些品牌偶尔出现危机的时候，只要他们及时表态，收回问题产品，给予赔偿，人们就倾向于这是个小概率事件，依然愿意信任这个牌子，而不是立刻弃它而去。人们会认为这么多年只出过一次问题，一定是哪个环节出了漏洞，而不会质疑产品的整体，保持着一种惯性似的信任。可见，信用是事业的基础。

经济危机来临的时候，中小企业首先受到冲击，先是企业内部裁员，大量职工下岗；接下来因为市场萎缩而无力与大企业抗衡，有的四处寻找转型的机会，有的只能削价苦苦支撑；到了最后阶段，企业负责人面临巨大的财政赤字，只能宣布破产。

在经济不景气的年份，内山先生也曾面临过一次破产危机。那时他开的电器公司刚刚走上轨道，却突然面对严峻的市场形势。内山先生向银行借的资金根本无法回笼，他似乎看到了破产的未来。内山先生是一个守信用又讲人情的人，他努力挤出一笔钱，给下岗的员工们发了三个月的工资作为赔偿金。对于一个即将破产的企业来说，这是不可想象的，员工们感激涕零，他们都表示不管内山先生何日东山再起，他们都愿意回来继续为他效力。

天无绝人之路，一家银行愿意贷给内山先生一笔钱解决眼前的困难，这归功于内山先生一直以来的优良信用，也有赖于他曾对银行负责人的照顾——这位银行负责人曾经在某会社工作，是内山先生的手下，他对内山先生的能力和品格深信不疑。内山先生获得了喘息的机会，而他的员工们也都加班加点，到处寻找客源，卖力推销产品。一时间，他们的工作热情超过了以往任何时候。上下同心，内山先生的公司渡过了这次危机。

信用不但为事业提供强大助力，也是为人的基础。如果你是一个守信用的人，你能够直接地、无条件地得到人们的尊敬与信任，即使那些多疑的人也是如此。信用既是你辞掉了一份工作，你的老板却认为你是个认真负责又有信用的人，表示愿意挽留你，又是当你面对困难时，你的员工不会单纯地为了利益离你而去，而是选择协助你。

因为所有人都知道，信用的累积是一个长期的过程。一个有信用的人，必然是在漫长的人生中的每一个阶段，都能够对自己和他人负责，特别是那些很难信守的承诺，他们都会克服困难，一一做到，才会让自己的信誉成为口碑，不胫而走。而普通人做不到这些，他们佩服也相信一个能严格要求自己的人，即使处在劣势或困境，也有能力实现自己的承诺。

想要当个有信用的人，必须严格执行说过的每一个字，言必信，行必果。有一次失约，你的信誉值就会大打折扣。屡次失约，你毫无信誉可言，别人也不会相信你。所以，你想做个守信的人，就要先琢磨自己的能力，不要说大话，也不要随意许诺，每一次许诺都经过深思熟虑，有完全安排，才能切实地保证你的信用。

还有一部分人没有那么严格，他们在小事上往往说到做不到，但在大事上从来不会言而无信。这也不失为一种守信。小事上，大家认为他们玩世不恭、粗心大意；大事上，大家认为他们有极强的责任感，绝不失信。于是在重大问题上，他们依然得到信赖，但他们的信用度终究不如那种事事守信的人。

欺骗是最要不得的行为，不论出于什么理由，你欺骗别人一次，就别想他人能够无条件再次相信你。他们即使没有把你当骗子，也会在心理上提防你。欺骗和失信不同，失信可能有各种原因，是客观上的不能，而欺骗则是主观上的意愿，涉及你的人格和对方的感情。如果你的欺骗还涉及利益，"骗子"这顶帽子已经摘不掉了。坏事传千里，没有人会为你保密，你很快就会在一个范围内成为过街老鼠。

事业和人生都需要信用做保证，相信你也喜欢那些有信用的人。和他们共事你觉得踏实，与他们共处你有安全感，你不必担心他们话里有话，或者对你设下陷阱，因为他们的品格如光风霁月一般清朗。当他们遇到困难，你根本不会吝啬你的金钱，因为他们的名字就是一种保证。如果你成为这样一个人，你的未来还有那么多顾虑吗？你会结识更多朋友，得到更多机会。所以，养成不欺骗、不失约、不推卸的好习惯吧，积累你的信用值，请相信这是你最强大的保险。

06. 优秀，从自律开始

也许你听过这件事：一个鱼缸就可以构成一个完整的生态系统，包括铺在鱼缸底部的沙子、种植的水草、水中的微生物、渐渐长出的水藻，还有小鱼和大鱼。你可以在池塘里置一张小网，甚至你用一块没用的布，就能带回鱼缸里必不可少的微生物。

当这个鱼缸布置完毕，水草会释放出鱼类需要的氧气，鱼类吃掉藻类，又排出粪便供给水草和水藻，死掉的水藻又会被微生物分解……你无须像普通人养鱼那样每天想着换水、把自来水放在阳光下晒，无须想着买什么样的鱼食，一个完整的鱼缸生态系统根本不需要你做这些事。它们甚至能自动净化水质，让水不产生难闻的异味。

但是，如果你太贪心，在鱼缸里多放一条小鱼，氧气很快就会不够，食物也马上就会告急，藻类被吃光，水草被破坏，鱼儿因缺氧而死，留给你的是一泡发臭的死水，这个生态系统就这样完蛋了。如果你想保持它，就必须维持它的良性平衡，否则你的全部努力就会白费。

一个小小鱼缸的生态系统，可以给我们带来极大的启示。

人生活在社会中，何尝不是一片水藻、一根水草、一只小虫、一条小鱼？

一旦维持了一种生活状态，就很难打破。但这种平衡又是脆弱的，外来的诱惑、打击、压力都可能在一瞬间粉碎这种平衡。一个小因素出了差错，整个系统都跟着倒霉，就像一个小零件出现损坏，整台机器都有可能报废。所以要注意每一个细节、每一件小事。

与环境呼应的就是人的气场，它是个奇妙的东西，你很难用具体的词语形容它究竟是什么，但每个人都能感觉到他人的气场。例如，老板来到办公室，员工们感受到一种监督式的压力；一个爱说爱笑的人，总会给他所在的地方带去活力，所有人都不介意与他说笑；一个阴沉的人，所到之处大家自动放低声音，感受到压抑；一个心怀叵测的人的出现，会让所有人提高警惕，似乎那个人呼出的空气都是有毒的……

气场是性格的反映，也是情绪的折射。当一个人的心情阳光，他释放出的气场就带着活跃的因素，让人能够感受到他的好心情，反之亦然。一个积极的人的气场同样向上，他首先表现出一种自信，即使他不去表决，人们也能够感受到他的勇气和力量，这样的人常常被委以重任。反之，上级很不愿意将任务交给一个情绪低迷的人，总担心他不专心、出差错。可见，气场能够影响他人，甚至决定他人对你的看法。

气场有很大的带动作用，它首先作用于个人的生活。一个人不论天生性格如何，都能修炼出自己理想的气场。例如一个懦弱而胆小的人，似乎和强大气场绝缘，其实不然。如果他下功夫修炼他的眼神，修炼他一针见血的逻辑能力，修炼他说话时的不卑不亢，在困难前面强迫自己镇静、挺住、不慌不忙，那么很快他就会成为众人心目中的硬派人物、一个镇得住场的人。即使他的内心依然摇摆不定，胆小害怕，但表面上的气场却能让他硬撑着渡过一次次困难，久而久之，他就真的强大起来。气场的改变，能够改变一个人的生活。

气场还会作用于环境。试着回忆一下，在你生活过的集体里，有没有一个开心果式的角色？他出现的时候，周围的空气都跟着轻松，正在吵架的人看到他的笑脸就消了一半气，忧郁的人看到他的笑脸就觉得心情大好，他未必说了什么逗笑的话，做了什么有趣的事，仅仅看着他哼着歌、开朗甚至傻乎乎的样子，大家就放下那些正在计较的琐事、正在钻的牛角尖，想要打趣他。这是人格的魅力，也是气场的魔力。

气场不是单一的，一个人拥有压迫式的气场，同时也可以拥有宽容式的气场，就像我们的慈爱又严厉的父亲，他的气场让你又爱又怕，却又觉得是一种无法替代的依靠。而在所有的气场中，我们首先应该修炼一种善意的气场，这会让我们的人生更加顺利，让我们身边的环境进入一种最和谐的正循环，令每个人受益。

这种气场基于自身对他人的善意判断。你的温和能够缓解他人的戾气，你的缓解能够拖慢他人的节拍，减少摩擦和冲突，让事情更有条理，让人与人之间多了润滑和空间，而不是针锋相对。当你愿意付出也愿意相信他人，他人不知不觉也会被你影响，想要回报你。

善意气场的最大好处，是能够保证你生活在一个相对温馨的环境中，即使有利益冲突，也有一种公平的竞争范围，而不是处处算计、人人使诈。特别是当你遇到困难的时候，旁人的第一反应不是落井下石，而是想着为你做点什么，因为你平时就是这样对待他们的。只有这种气场才能在一个环境中建立起正能量循环。

穷则独善其身，达则兼济天下。我们提醒自己远离诱惑，就是独善其身，就是小范围的兼济天下。一个严于律己的人是有福气的，他们不但每天都享受着良心的安稳，远离是非的折磨，还会受到许许多多人的喜爱，不但从自身，也从外界感受到世界的美好和丰富。

07. 你的形象价值百万

毕先生最近失恋了。

毕先生为人勤恳本分，在大企业有不错的工作，但为人稍显木讷，所以一直没交过女朋友。到了被催婚的年龄，他才在家人的张罗下认识一位罗小姐。罗小姐是个肤白貌美的护士，对毕先生的条件很满意。两个人交往了半年左右，最后罗小姐说，她实在受不了毕先生的邋遢，也不喜欢他的笨嘴笨舌，她还是希望未来的生活更有情趣一些，于是主动说了再见。

毕先生大受打击，按照他的老观念，男人最重要就是要有养家糊口的本事，在这方面，毕先生有十足的自信。失败的教训太过惨烈，他决定尽快振作。首先，他在一家高级美发店换了新发型，又办了一张健身卡，他还给在时尚杂志工作的表妹打电话，请她帮忙选衣服。表妹见表哥萎靡不振，又推荐他加入一个户外健身俱乐部。

人一旦下定决心，效果是巨大的。一年后，毕先生看上去阳刚健美，衣着光鲜，一点也不像个在电脑室编程序的IT男，就连上司出去谈客户，也愿意拉上他撑门面。毕先生每半个月都要随俱乐部出去踏青或爬山，人也开朗健谈了不少。现在毕先生不但有了自己的追求者，还有猎头主动找他，开出优渥的条件劝他跳槽。在毕先生的公司，不少和他以前一样的男程序员也开始了"形象工程"，找毕先生问经验，请毕先生提意见。毕先生悉心为他们解答，他清楚地知道，一个人的形象将带给他怎样的天翻地覆的影响。

　　一个人的形象就是他第一张对外名片，他站在那里，目光是否笔直，代表他是否自信，很难想象一个目光闪烁的人能让合作者对未来充满希望。他的衬衫是否洁白、皮鞋是否光亮，代表着他对别人的尊重，以及对这次业务的重视程度。他选择的服装、公文包未必是最昂贵的，但要打造出风度，谁愿意和一个穿着泥脚裤的人谈生意？他的头发、牙齿、指甲是否干净，直接影响他人的感官愉悦程度。他的长相未必是最好的，但周身洋溢的气场却能让人折服，这就是个人形象的力量。可以说，好的形象能直接转化为机遇。

　　形象是金，形象有价，这是一种常见的现象。例如在学生时代，老师往往更偏爱那些干净、有礼貌的学生；在面试场上，面试官也会对这样的求职者更加青睐；就连相亲的时候，一个良好的第一印象也会增加"中选机会"。就算不愿意承认，也必须看到在很多时候，我们都是等待挑选的货物。我们在人才市场等待用人公司的挑选，在婚姻市场等待最佳买主的出现，唯一的不同是我们有主动权，被选择的时候也可以反向选择，而我们的选择权的大小，决定于我们本身的素质。

　　男人不要以为形象不重要，最近不是有个调查，说中国女性的形象普遍好于中国男性？那些搭配文章的照片，难道不能刺激你的神经？而女人们也别再宣扬自己是女汉子，为自己的懒惰找借口，形象是个人的事，你们不着急，只会便宜了你们的竞争者，到时候你也只能酸溜溜地说一句："他们不就是长得好看。"

所以，平时你要养成维护个人形象的好习惯，这本身就是长线投资，让你提高自身资本之外，也会受益终身。为此，你需要护理你的发型和皮肤，不只是去美容院和健身房，你要从本质上改善你的生活状态，不熬夜，注重养生和保健，每天勤于锻炼，这样才能保持优美的线条和精神上的活力。你还需要更换你的衣橱，留意一下时尚，或者干脆找个懂行的朋友。你需要一笔置装费，保证工作的每一天都能给人留下良好的形象印象。

当你的形象获得别人的称赞，你就会发现美丽的功效如此巨大，你会陶醉在这种赞美和便利中。这时候你千万不能松懈，你已经初步体会到了形象带来的好处，那么继续完善身上的细节，让你的服装配置更周全，在任何场合都不露怯，定期改换发型，给人以新鲜感，不放松个人的护理，要保证每一天的干净整洁。你追求的不只是美丽，还有你的未来。

当然，你不能仅仅把自己打扮得亮眼，你的内在也要有相应的提高，你要学会更优雅的谈吐、更自然的举止、更舒服的待人接物方式，这些都有待你一一练习。当你的形象达到一个高度，你会发现周围的人会给予你更多的青睐，你有了更多的机会。这时候更要努力加把劲，抓住这些机会，证明你有才有貌，内外兼修，是不可多得的优质人才。

08. 倾听：改善自己的人生

当今社会，沟通成为一门重要的学问，而要想达到一个良好的沟通效果，你就需要养成倾听的好习惯。然而实际生活中，很多人只知道表达自己，总是只顾自己一人高谈阔论，而不懂得倾听别人，不给别人说话的机会，甚至容不得别人插话，结果夺了风光、失了人心，前路万千障碍。

来看一个例子吧，相信你很快会明白这个道理。

何安是一家汽车维修公司的工作人员，尽管他每天都奔走于多个客户之间，但取得的业绩却一直不好，这是怎么回事呢？这天，何安从公司出来，来到了一家咖啡馆，一位意向客户正在那等他。与那位客户见面后，何安说："杜先生，贵厂的情况我已经分析过了，我发现你们自己维修花的钱比雇佣我们干还要多，是这样吗？那么你为什么不找我们呢？"

杜先生点了点头，说："对，确实是这样，我也认为我们自己干不太划算。不过，我承认你们的服务不错，但你们毕竟缺乏电子方面的……"

听到这里，何安打断了杜先生的话，急忙解释道："杜先生，请您允许我解释一下。我想说，任何人都不是天才，修理汽车需要特殊的设备和材料，比如真空泵、钻孔机、曲轴……"

杜先生微微地皱了一下眉，心平气和地说："你说得有道理，但你误解了我的意思……"

还没等杜先生说完，何安又一次打断了他："可是，就算您的部下绝顶聪明，也不能在没有专用设备的条件下干出有水平的活来……"

看到何安几次三番打断自己，杜先生不免有些生气，冷冰冰地说："你还没有弄清我的意思，现在我们负责维修的伙计是……"

"等一下，杜先生，"何安没有发现对方的不满，自顾地说道，"请你给我一分钟，我只说一句话，如果您认为……"

最终杜先生忍无可忍了，他站起来拍了下桌子，吼道："行了！别说了！你现在可以走了，以后你也不要联系我了。"

何安很勤奋、很努力，为什么工作会遇挫呢？显而易见，他没有养成倾听的习惯，无法控制自己的言行，几次三番地打断客户的述说，不给对方表达自己的机会。对此，哈佛的一名教授指出："只谈论自己的人所想的只有自己，这是不可救药的无知者，他没有受过教育，不论他曾上过多好的学校。"

这个道理很明显，是不是？因为每个人都有表达自己的欲望，喜欢有人倾听自己的心声，希望获得别人的尊重和重视。而倾听所传达的正是一种肯定、信任、关心乃至鼓励的信息，即便你没有给对方提供什么实际的指点或帮助，也会给对方留下思想深邃、谦虚柔和的印象，对方也会感激你，喜欢你，支持你。

回想一下，当有人全神贯注地倾听我们所要表达的内容时，你是不是会感到自己被关注、被重视，对对方产生好感，愿意与之交往下去？上天给了我们两只耳朵，却只有一个嘴巴，就是要我们多听少说。沟通最为有效的方式，不是自己尽心竭力去表达，反而是收敛自己的言语，少说多听。

的确，那些高高在上的成功者之所以卓越，在于他们拥有学历、知识、履历、经验等，但关键的也在于他们有倾听的好习惯，能主动地去倾听别人。

全球励志大师、"成人教育之父"戴尔·卡耐基曾举过一例。

这天，卡耐基应邀参加一次聚会，席间他被安排和一位著名的植物学家坐在一起。卡耐基以前从未同植物学家交谈过，两个陌生人能说些什么呢？"非洲，"当得知植物学家刚从非洲考察回来时，卡耐基说，"那可是一个非常有趣的地方！我总想去看看非洲！我可真是太羡慕你了！请你告诉我关于非洲的情形吧！"植物学家侃侃而谈，而卡耐基没有说什么话，只是静静地听他说话。接下来，卡耐基又提到自己有一个小室内花园，经常会遇到一些问题："我真希望能像你一样有知识，请你教教我如何照顾好我的花园。"植物学家听了这话，非常热情地告诉卡耐基如何解决这些问题，他还告诉卡耐基许多关于廉价的马铃薯的惊人事实。

就这样，卡耐基与这位植物学家谈了数小时之久。聚会结束时，植物学家对卡耐基大加恭维，说他是"最富激励性的人"，还说他是一个"最有意思的谈话家"。可实际上，卡耐基对于植物学所了解的知识就像对企鹅的解剖学一样知之甚少，他不过是一个善于倾听的人，并鼓励对方谈话而已。据此，卡耐基得出结论："许多人不能给人留下很好的印象是因为不注意听别人讲话。他们太关心自己要讲的下一句话，以至于不愿意打开耳朵……许多大人物曾告诉我，和那些善于谈话的人相比，他们更喜欢那些善于倾听者。真正有能力的人是会倾听的人。"

无论你才能多高，请学会倾听别人；无论你能力多强，请懂得倾听别人。

当然，倾听并非被动地听，也不仅仅是耳朵的简单使用，还要眼到、嘴到、心到，不仅要听对方说的内容，理解别人的观点，而且要了解对方的感受和情绪，这样才能掌握沟通的主动权，有效改善自己的人生。

以下几个要点，你不妨借鉴一下。

保持积极的精神状态。积极的精神状态是倾听质量的重要前提，因此你要努力维持大脑的警觉，使大脑处于兴奋状态，聚精会神、全神贯注地聆听，而且大脑思维要紧跟着对方的话语走。如果你是在一个喧哗嘈杂的房间里和人谈话，你应当想方设法地让对方感觉到只有你们两人在场，尽量不要让其他的人或事分散注意力。

适时适度地做出反馈。谈话时，应善于运用自己的姿态、表情、插入语和感叹词以及动作等，及时给予对方呼应。比如，如果明白了对方诉说的内容，要不时地点头示意，还可以适时适度地提出问题。这会让说话者感到你理解他所说的话，能够给讲话者以鼓励，有助于双方的相互沟通。

一定要有足够的耐心。在倾听过程中，你一定要有足够的耐心。这体现在两个方面：一是当对方说话内容很多，或者由于情绪激动等原因，语言表达有些零散甚至混乱，要鼓励对方把话说完；二是别人对事物的观点和看法有可能是你无法接受的，但是有伤你的某些感情，你可以不同意，但应试着去理解别人的心情和情绪，不要随意打断别人的话语，或者任意发表评论。

养成倾听的好习惯，既不用耗费多少力气，又能左右逢源，何乐而不为呢？

第三辑

/

你有权以自己的方式长大，
长成你想要的样子

/

活在通行的标准里，
许多人试图取悦老板、父母、恋人、朋友等，
却独独忘了取悦自己，结果失去主见，
失去个性，失去积极的意愿，很快就把过日子变为混日子。
生命这样短暂，为什么不把它过成自己想要的样子呢？
真正的成熟，原本就是以自己的方式长大，
为自己而活，精彩地活。

01. 你想做圆石头，还是方石头

　　每个人的成长过程都是跌跌撞撞、起伏不平的，当我们碰了壁、犯了错、对人生产生疑问的时候，总会有人对我们说下面这些话：

　　"年轻人，你不懂。"

　　"学聪明点，别总跟自己过不去。"

　　"多长几个心眼儿，怎么这么不会看脸色！"

　　"防人之心不可无，利字当头，谁都不可信。"

　　"是你去适应环境，不是环境来适应你。"

　　……

　　说这些话的并不是坏人，说话的目的大多是为我们着想，希望我们少走弯路，他们甚至会语重心长地归纳自己的人生经验：哪个人最初没有棱角？但社会、现实、人情就如同流水一样，把你磨得圆滑，让你更加适应这个社会。这才是人生。

　　你认为这些话有道理吗？也许有。多数人都在按照这种道理收敛锋芒，改造个性，适应环境，谁也不想与周围格格不入，最终受到旁人的排挤，被挤到"圈子"外面，想要更好地融入一个团体，似乎只能去掉自己的棱角，尽量和周围人打成一片。但内心那种深刻的不认同感又会折磨着我们，究竟怎样做才是正确的？

史杰毕业后进了一家外贸公司工作，直性子的他在职场上遇到了一连串的麻烦。他无法忍受同事们迟到早退，不能理解他们对上司的溜须拍马。让史杰更不能理解的是，上司竟然更喜欢这些人，重要的任务总是交到他们头上。

一位同公司的老校友见状劝他："人呢，有时候需要圆一点，如果你是上司，肯定也喜欢好沟通、多办事的下属，你还不够老练。"

他的父母也在家里劝他："都这么大的人了，还是一副直脾气，这样怎么能有人喜欢你呢？"

就连史杰的上司也对他"酒后吐真言"，劝他凡事不要较真，大面上过得去就行了，大家都出来混碗饭，哪儿能事事认真，那还不累死？

史杰见大家都这么劝，无奈之下，给大学里最尊敬的教导主任打了电话，主任听完沉默半晌，才说："有圆石头，也有方石头，不用勉强自己去做你做不来的事。"史杰吃了定心丹。最初几年，史杰经常碰壁。后来，他的认真负责得到了公司老板的赏识和信任，大小项目都要交到史杰手中才放心，他直接成了老板的左右手。史杰说，这是品格的胜利。

在水里的鹅卵石，圆溜溜，没有任何棱角，没有攻击性，没有威慑力，它们可以铺在园林之中，成为一处精致，也可以在人们手中把玩；而那些方正的岩石，经过适当的打磨，盖起了辉煌的宫殿，或雕琢成巍峨的雕塑。哪一种石头更好？没有定论。就像仁者乐山，智者乐水，山更好，还是水更好？

这是一个见仁见智的问题，不必细论。

每个人都有自己天生的个性和后天的追求，有些人温和平稳，他们能在与周围人的相处中得到乐趣，在与周边的一致中得到安全感，这样的人适合当圆石头；有些人天生带点固执，有不可变更的原则，并在这种坚持中感受到价值，这样的人适合当方石头。

毋庸置疑，在我们的生活中，圆石头更多，方石头不多，多数人把磨平自己的个性视为一种"磨炼"，为了适应环境而改变自己，以为这就是适者生存。他们心中也存着一丝向往，想要先适应环境，再反过来改变环境。这句话你听过多少回，又有几个人做得到？一旦你接受了环境的潜移默化，你的思想都会跟他人一样变得界限不明，模棱两可。一块方石头变成圆石头不难，而一块圆石头想再回到方石头，除非伤筋动骨，刀劈斧凿，否则，一辈子都只能做圆石头，再难以找回昔日的个性。

为什么有那么多的人想当圆石头？因为圆石头有一种便利，他们能够很快地适应环境，很少与周围的人发生摩擦；他们做事比别人灵活，懂得绕绕小路；他们讲究人情，很少得罪人，也因为自己的温和无害得到他人额外的帮助……但是也要看到，他们中的大多数人只是在委曲求全，只是在维持表面上的和谐，只是不愿意承担更多的责任，宁愿和人均摊。更多的时候，他们的命运就是被人铺在脚底下踩。而方石头无疑意味着更多磨难，更多的南墙。也有些人因为固执得过了头，成了茅坑里的臭石头，这也不是幸福的人生。

是圆是方没有高下，我们要说的问题是：如果你天生是一块方石头，就别让环境把自己磨成圆石头，那就失去了你的本性。而且，你方正的内心始终无法赞同圆通的做法，只会增加无谓的痛苦，这个时候倒不如坚持自我，即使你得罪了一些人，受到了周围人的侧目，至少你的内心是平静的、无愧的、认同自己的。

所以，如果你是一块方石头，你为自己的原则和底线自豪，你坚持自己的才能终将有用武之地，你相信自己是环境的征服者，而不是它的屈服者。当那些圆石头前来劝说你放弃棱角，对你谆谆告诫、循循善诱、软磨硬蹭、厉声恐吓时，你可以直接告诉他们：我和你们不一样！当然，也许你不是一块激烈的方石头，你也可以用温软礼貌的语气回绝说："谢谢你的忠告，但我有自己的想法。"

做不一样的人，才能过不一样的人生。如果你是方石头，不必羡慕身边那些事事周到的圆石头，也不必听从那些在环境里原地打滚的圆石头们的劝告，你要为自己的存在而感到骄傲。生命只有一次，我们应该追求自己独特的一面，而不是当流水线上的零件。做你自己，你就是独一无二的美好。

02. "对不起，你的规则不符合我的原则"

在生活中，我们需要面对各式各样的规则：过马路要看红绿灯，地铁电梯要靠右侧站立，排队要按照先来后到的顺序，在食堂吃完饭要将盘子端到垃圾车旁，对人要有礼貌，长辈没发话前不要随便说话……这些规则规范了我们的生活，让社会变得有序，人与人的关系变得和谐，增加了我们的心理安全感和舒适感，我们都要遵守规则。

不知从什么时候开始，"规则"成了一个暧昧不清的词语。曾经，它明明白白地代表某种法律、社会道德规定的守则，如今，它却成了一些人口中带着强制色彩，见不得光却约束人们行为的口令。就像《红楼梦》第四回，贾雨村去金陵做官，他的旧识问他："有没有抄一张本省的'护官符'？"这些说不清道不明的规则，也成了一些人的护身符、升官符、平安符，而他们也想让我们懂得同样的规则。

如果你说你看不惯这些事，就会有人正色说："大家都是这么做的，你为什么多事？"如果你怕了，也按照这种做事的方法继续做事，你依然有出头的一天，然后继续"规则"他人，这种风气永远不会改变；更大的可能，你被他人同化后，从此默默无闻，失去个性，再也没有当初的灵气。你为什么要这样做？难道就因为一时的害怕吗？面对不明不白的规则，每个人都有义务正直，大声说："对不起，你的规则不符合我的原则！"

有一段时间，"神探狄仁杰"的形象活跃在荧幕上，这位头脑睿智的狄青天给观众留下了深刻印象。但观众们可能并不清楚，历史上的狄仁杰并不是一位神探，也没留下任何侦察记载，真正的狄仁杰是一位讲原则的正直官员。

狄仁杰在唐高宗李治时期通过科举当官，有一次，一个叫全善才的武将喝醉了，误砍了昭陵上的树木。昭陵是高宗的父亲太宗李世民的陵墓，高宗知道后大发雷霆，认为这是大不敬的行为，要处死全善才。这时狄仁杰站出来据理力争说："全善才虽然有罪，但罪不至死，陛下只能罢免他的官职，不能处死他！"

高宗大怒道："他砍了昭陵的树木，如果不从重处罚，天下人都以为朕是一个不孝子！"狄仁杰却说："陛下因为一棵树杀掉国家的将军，千载之下才让人笑话！"在封建社会，君主的意志高于一切，皇帝也没想到有大臣敢如此违逆自己，他坚持要杀掉全善才。狄仁杰依然不退让，反倒说："法律是陛下亲自制定的，您带头破坏，我又能说什么？"

大臣们都劝狄仁杰赶快闭嘴，狄仁杰的上级也连连呵斥他，但狄仁杰就是不肯对皇帝退让。最后，高宗没办法，只好饶过全善才，还给了狄仁杰不少奖赏。

在封建社会，皇帝是天下的主人，按皇帝的意思办事，是每个官员必须遵守的规矩。但正直的官员依然认为，原则比规矩重要得多，保证国家平安的不是皇帝，而是严明的法律制度。所以，狄仁杰冒着惹皇帝生气，甚至杀头的危险坚持原则。这既说明了他的正直，也说明原则在任何时候都需要有人遵守，否则一个团体、一种环境下就再无正气可言。没有正气的环境，就像没有清水注入的水池，早晚会腐化、发臭，变成一潭死水。

每个人都应该为世界做些什么，这不只包括辛苦工作所创造的社会物质财富，还应该用你的勇气为社会增加一份精神财富。如果你不能坚持最基本的是非原则，别人也可能因为你的服从，劝自己服从；相反，如果你大声反对，旁人也会从中得到启示，和你一起反对。风气的败坏和扭转都需要带头者，你为什么不当一个正直的领袖，而去当无奈的跟风者？

那些不敢反对无礼规则的人，只会成为规则的牺牲品，他们不得不为自己的软弱付出青春、精力、良心的谴责。他们从一开始就选择了盲从，放弃了自己的思考权和行动权，这样缺乏独立精神的人，能做什么大事？他们的行为并没有换来地位和名声，却常常让人们鄙视，认为他们没主见、只会跟着别人走，这辈子都不会有出息。

真正的强者如何生活？他们不会去做自己鄙视的事，也不会轻易放弃原则，屈从所谓的权威。他们有坚定的内心，相信自己行得正坐得直，也相信社会的主流始终需要坚挺的栋梁，而不是趋炎附势的墙头草。难道不是吗？倘若我们的社会只有恭顺的、不知思考的人，没有那些创新者和正直的人，它还会有今天的发展吗？

真正的规则能够约束我们的行为，培养我们的团队精神，增强社会的凝聚力。不要把改变的希望寄托在别人身上，我们才是人生的主人，社会的主人翁，我们所做的每一件光明正大的事都在擦亮他人的眼睛，给环境带去新的希望和空气。

03. 善良，但有底线

我们都听过东郭先生的故事。

春秋时期，晋国的一位大夫打猎游玩，追猎一只狼。狼到处躲藏，看到东郭先生牵着一头驴缓缓走来，驴背上还驮着一个大书袋。狼可怜巴巴地恳求东郭先生救自己一命。东郭先生见狼有性命之虞，就倒出袋子里的书简，让狼钻进去，助它逃过一劫。

追猎的人走远了，东郭先生放出狼，狼却说自己饿了，要吃掉东郭先生。东郭先生又气又怕，找一位过路的老人评理。东郭先生指责狼忘恩负义，狼却说东郭先生的书袋子又挤又闷，还压了一堆书简，分明是想害自己。老人对狼说："我不相信这么大一只狼能钻进小口袋，除非再钻一次，我才相信你。"狼果然钻进袋子，老人连忙扎上袋口，与东郭先生合力将狼打死。后来，人们就用"东郭先生"形容善恶不分的烂好人。

在后世人眼中，东郭先生是个可怜又可笑的人物，他是非不分，迂腐不堪，但从他的本质来看，你不能说他是坏人。他救狼，是因为看到狼可怜，但这种"善"，因为缺乏判断力，而成了"恶"，差点害了他自己。而评理的老人的行为是明显的欺骗，但因为目的的正义性，他的欺骗又成了一种善行。可见，目的不能决定性质，决定事物性质的是你的判断力。

好人一生平安，多数人都希望做个好人，过稳当的日子，交多多的朋友，有一帆风顺的事业。但好脾气一旦缺少智慧，就会让你成为烂好人。

真正的好人不做东郭先生，因为那只狼活过来会继续害人。与人交往要有基本的是非观，一双慧眼看穿对方的秉性，才能在交往中占据主动权。如果对方是个脾气急的直肠子，生气时候就口不择言，但对你不存坏心，也不会害别人，这时候你可以选择一笑了之，不与他计较。如果对方是个喜欢占便宜的小人，你总是不和他计较，他就要踩在你的头上。这时候别忙着指责对方，是你在纵容对方的行为，对方得寸进尺，你有一半责任。

世事洞明皆学问。当你明白对方的为人，就要在心里划分出他们的类别。有些人真诚慷慨，适合交朋友；有些人能力好脾气不对路，就当合作者；有些人小肚鸡肠，留心千万不要与他们有金钱利益上的瓜葛；有些人品质恶劣，就敬而远之。最重要的是，不论和什么样的人相处，都要让他们知道你不是没有底线的烂好人，你的忍耐有范围，有限度，你不会容忍丑恶，不会容忍欺软怕硬，更不会容忍别人无故的打压和敌意。

以适当的方式宣布你的原则。不要把原则这类词挂在嘴边，那只会让原则不值钱。最好的办法是就事论事，平日不声不语，不在小事上与人针锋相对，一旦踩到你的雷区，就要毫不犹豫地与对方争论，让对方知道你的禁忌，必要时甚至可以说得严厉一些，这样才能提高周围人的警觉程度，让他们今后不敢来触犯你。

当你确立了自己的处事方法后，再回头看看那些烂好人吧，他们几乎是社会上最忙碌又最不讨好的人，而且总是得不偿失。不要去利用他们，也不必对他们抱有太多的同情，他们走的道路来自他们的选择，他们放不下莫须有的交情和"善良"的名声，把无限度的容忍当成博爱，失去了最基本的判断力，才落得这个结局。

你需要不断提醒自己：千万不要和东郭先生一样。你的忍耐是因为"小不忍则乱大谋"，而不是为了得到某些人的喜爱和欢心。事实上，无原则的容忍换不来真正的欣赏。

你要做的仅仅是摆正心中的善恶观，争取不伤害他人，不阻挡他人得到利益，同时不放弃自己的利益和发展空间。人与人的相处之道有千百条，东郭先生选了最笨的一条，你应该引以为戒，把天性中的善良发挥在那些积极的方面，而不是做无意义的消耗。聪明而善良的人可以始终保持他高贵的善意，而愚蠢的老好人却会对人、对世界寒心失望，其实错的是他们自己。

04. 经验只是人生的经历，并不一定有用

　　他人的生活、工作经验，包含了前辈们的智慧，需要我们认真学习。这或许不会让你大幅获利，但是却能让你找到成长的捷径。但不论学习任何一种学问，都要分析求证，问问对不对，看看适合不适合自己。

　　女博士谭颖今年顺利出嫁，她是一位十指不沾阳春水的娇娇女，从小被父母照顾得妥妥当当，结婚之前一直住校，没有任何家务经验。婚后，她偏偏要和寡居的婆婆住在一起。幸好婆婆为人慈祥，待她如女儿，婆媳大战三百回合并没有发生。

　　谭颖是个孝顺的孩子，看到婆婆整天操持家务，自己也开始学习打扫做饭。这时候，她才深刻感受到婆媳相处的不容易：不论她做什么，婆婆都会用老一代的经验教导她，告诉她葱应该放多少，姜应该如何切，肉应该沾上淀粉，甚至会规定她蒸饭要加多少水。最初，谭颖很感谢婆婆的指教，没多久，她就觉得婆婆做的东西并不合她的口味，她没必要成为第二个婆婆，烧一份同样的口味的菜，她很希望尝试自己的味道。

　　但对唠叨的婆婆不能像对自己的妈妈那样争吵或负气，最后谭颖只好另辟蹊径，买了烤箱经常做西点或西餐，这又让婆婆看不惯，说西方人的饭菜

太不健康。谭颖不知道是否每个人的生活中都有一个很难违抗的权威，导致自己做什么事都放不开手脚，更不知道其他人到底如何摆脱权威的影响，她一想到这件事，就忍不住叹气。

长辈们喜欢拿经验规范别人，你不听话他们就会生气，因为他们认为他们说的事都是数年人生经历，是浓缩的智慧，告诉你，是为了避免你走弯路，而你竟然拒绝这种好意，真是没有经验的小孩，真不懂事，真没脑子。对一个吃的盐比你吃的米还多的人，你很难说出自己的道理，因为他们的经验的确是有用的、安全的，按照他们说的话去做，很少有闪失。

但你清楚地知道这不是你想要的，你希望尝试更多的东西，哪怕结果失败了，也能得到自己的经验。每个人都有这种看似叛逆实则独立的心理，但不是每个人都有机会付诸行动。多数人思前想后，权衡利弊之下，往往选择最平稳的那个方法。比起尝试，他们更愿意稳妥，谁也不愿意拿成败冒险。于是，一代代的人都很相似。看到一位母亲，你就能猜到一个孩子将来的大致样子。那么这种重复是正确的吗？

转眼间，80后开始生儿育女，在教育孩子的问题上，他们似乎有相同的苦恼：他们本身并不成熟，有什么方法可以保持孩子的优秀？如何纠正孩子的坏习惯？打，骂，说道理？他们冥思苦想，想参照父辈们的经验，但那经验又是他们不喜欢的，究竟该怎么办？他们来不及想太久，孩子正一天天长大，于是，他们也不得不对现实妥协，拿自己从父母那里得到的经验，继续教育自己的孩子。

但有头脑的家长会为孩子的未来担忧，他们希望孩子得到更科学的教育，希望他们的人生不是在走家长的老路，于是，他们开始阅读育儿书籍，去亲子班上课，他们衷心希望孩子能接受一种崭新的、愉悦的教育，有截然不同的人生。

敢于突破经验的人，会遇到更多的麻烦，但这些麻烦中总包含着机遇。敢于尝试就是创新的开始。尝试，因为自己没做过，难免会有更多的困难，有些时候甚至无人请教，但这也正是你开动脑筋，亲自想办法，培养自己解决问题的能力的契机。那些能干的人有什么特点？他们遇到一件事，第一时间想到的不是问别人怎么做，而是亲自制订解决事情的计划。只有在调整计划的时候，他们才会询问别人的意见，以期计划更加完善。

很多时候，经验就是规则，遵守了，就提高了安全通过的系数，违背了，失败可能就会相应地增大。但你有没有发现，任何稳妥的经验都是各种解决方法的平均值？最保险的方法就是最保守的、最古旧的，按照经验只能得到安全，无法得到突破，所以才有那么多的人想要摒弃经验，因为他们需要的是最高分，而不是平均分。

相信你也一样不会对平均分满足，而希望自己的分数更高一点、自己的人生更优质一些，那么对待经验，你就要有正确的态度：经验是需要学习的，那是智慧的结晶，但学习的过程中不能放弃思考，思考之后，更不能放弃突破。在经验的大道上学成之后，一定要开辟自己的小路，才能找到属于自己的一片天地。

不知有多少想要创新的人倒在了经验面前，也不知有多少想要异军突起的人最后选择了平凡。安全是必要的，但一味贪图安全的人当不了最后的强者，只有那些敢于质疑经验的人，才有可能超越经验。在科学史上，这种例子比比皆是。如果哥白尼不质疑日心说，就不会有地心说，就不会有九大行星的发现，更不会有人类今天对整个宇宙的认识。

任何经验都是等待被超越的，需要付出汗水和智慧，才有可能得到更好的、更完善的结果。在这个意义上，每个人都有可能成为经验的破坏者和缔造者。在破坏的时候，他们往往在人生低谷中徘徊无措；在缔造的时候，他们已经到达了人生的高峰。那么，你愿意做一个安全地享受经验的凡人，还是愿意做一个辛苦地超越经验的勇士？

05. 爱，需要宽容，但不是纵容

在日常生活中，我们总会遇到一些人，出于善意或恶意偷换概念，劝我们息事宁人，劝我们大事化小，劝我们吃亏不要声张，他们有自己的一套理论，似乎我们不按照他们说的去做，就是十恶不赦，就是道德败坏。他们或真或假地相信"吃亏是福"，当我们不肯吃亏，就是小气，是没肚量，真是岂有此理。

地铁上，一位母亲正在柔声细语地哄怀里的孩子。这个孩子又哭又闹，高分贝的大叫声已经持续了三站地。这时，车门开了，一个女大学生走了上来，正好坐在母子旁边的座位上。这个女生手里提着一个彩色布包，包上还系了一个长鼻子象布偶。一跳一跳的布偶吸引了孩子的注意。小孩子伸出手，抓起布偶使劲拉扯。

"放手。"女学生拽起自己的包，对小孩说。

小孩不放，反而大叫起来，母亲索性对那女孩说："真是没办法，要不然你就给他吧？"

女孩瞪大了眼睛。半晌，她突然抢过那位母亲的手机，将手机上的一个小挂饰拿了下去，母亲大叫说："你要做什么！怎么能随便拿别人东西！"女孩慢悠悠地说："因为我小的时候，妈妈告诉我，在车上可以随便拿别人的东西。"母亲张口结舌，只剩小男孩还在哭闹。

到了站，女孩将挂饰还给那位母亲，拎着包施施然地下了车，母亲抱怨道："现在的大学生怎么这么没有肚量？跟一个小孩子计较！"一直目睹这一幕的其他乘客，有的摇摇头，有的点点头，有的却暗自对着那女孩的背影小声嘀咕："真是好样的！"

对待熊孩子，女大学生没有忍耐，也没有手软，她的正当行为却产生了争议。有人认为这个女孩不懂爱护小孩，小孩子那么不懂事，何必和他计较？有人认为女孩很酷，很有魄力，以子之矛攻子之盾，大快人心。不管在哪里讨论，这件事都不会有定论，总会有人认为让一让小孩子是情理之中的事，即使那小孩的行为不太对。

我们提倡人与人之间的真善美，提倡人与人之间要互爱，我们不知从什么时候开始，把他人的干涉看得那么理所当然，把自己的忍让视为一种美德？也许是小的时候，父母、老师都在教育我们谦让，告诉我们孔融小小年纪就知道把大梨让给别人，于是我们争相学习谦让，却没有人告诉我们什么时候不能让，不能忍。于是，忍耐也成了我们的习惯，甚至被称为良好的品德。

还有一些人认为这是修养问题和肚量问题，这么一点小事，为什么不忍忍呢？为什么一定要把自己降低到和无理取闹的人一个层次呢？这多丢脸。这样想的人还不在少数。但你要知道，被人无理取闹，你与他争执，是在争取自己的正当权利，这种行为是合理的，受法律保护的。难道你争一争，就成了无理取闹？这是什么逻辑！

这种成长氛围让我们产生了忍让思维，让我们模糊了争取和容人的界限，当我们开始集体生活，它的弊端出现了。例如，同一宿舍的人，有人睡得早，有人睡得晚，关灯和深夜谈话都成了问题。如果你不幸是那个睡得早的人，你要不要体贴地容忍别人在你睡觉的时候开着灯，放着音乐？

进入了社会，这种事更是无处不在，而且都跟真实的利益有关。同事的拖拉造成你的损失，你要谅解他吗？同一个办公室的人烟瘾重，你要吸二手烟吗？有人不断跟上司打你的小报告，你能不着急吗？不要把一切都归咎于"肚量"，宰相肚里能撑船，但不代表宰相需要对一切不合理的事都睁一只眼闭一只眼，否则他一定不是一个合格的宰相。

还要知道，吃亏的时候不出声，事后别想得到赔偿，甚至得不到一句礼貌的道歉。因为你在吃亏的时候并没有反对，别人当你默认。有一天你受不了说出来，他们还会说："你怎么不早说！"丝毫不能体会你曾经的肚量。你要总是吃亏，总是不出声，就是长别人的志气，灭自己的威风，慢慢养成别人的坏习惯。

强调自己的损失并不是一件值得羞耻的事，那恰恰说明这个人有自我保护意识，不愿意吃暗亏，也在警告那些心怀不轨的人收起把戏。人是要有肚量的，对他人无心的错误，应该宽容；对比自己年纪小的人，应该关爱；对有些看不过眼的事，不必一一计较；对性格不合、意见不合的人，也不用视为仇敌，这种肚量都能让一个人看上去大气、平和、稳重，让他获得尊重和口碑。

但是，肚量不能无限化，一旦事事容忍，就是懦弱。肚量，必须建立在能力和原则的基础上，否则它就是自己给自己挖的陷阱。别再纠结自己的气愤是不是因为没有肚量。对不正当、不正经、不正常的行为，你的沉默就是纵容，你的严厉就是纠正。要记住，中华民族的传统美德是有原则的礼让，而不是忍气吞声。

06. 那些捕风捉影的流言，你不必理会

个人价值是否实现来自社会的认可，而社会是由无数人构成的，所以，在寻找自我价值的过程中，谁都会在乎他人的评价。有人表扬我们，我们的自尊心得到了满足，就会努力做得更好，以得到更多的正面评价；有人批评我们，我们才能明白自己的哪些行为是错误的、不恰当的，进而改正、提高。

但是，当表扬和批评无限度地增多，过分在乎表扬，我们就会成为虚荣的怪物，为了别人的称赞而去做一些自己根本不想做的事；过分在乎批评，我们就会做什么都怕犯错，怕落人口实，怕影响自己的形象，变得什么都不敢做。这时，我们完全活在他人的评价中，耳朵里只有他人的声音，再也听不到自己的心声。

在乎他人的看法固然能让我们进步，但过分在乎他人的看法，就是本末倒置。要知道，人们都在为自己生活，那些肯给你意见的人，只有极少数是在真心赞美你或担心你，希望你变得更好，绝大多数的人都只是随便一看，随口一提，过几天他们甚至想不起这件事。如果你对他们随意性的评价耿耿于怀，真是得不偿失。

美国作家马克·吐温曾写过一篇讽刺小说《竞选州长》，揭露了美国民主竞选背后的现实场景：竞选人们互相攻击，不惜造谣抹黑，使一个正直善良、没做过亏心事的竞选人成了骗子、小偷、纵火犯、九个不同肤色孩子的父亲，最后只好放弃竞选。

解读一位大作家的作品，不应该单单看一个方面。如果逆向思维，人们也可以得出这样的结论：那些被媒体肆意丑化、被敌对党不断攻击的"声名狼藉"的竞选人，有可能是一位正直善良的公民，只是处在竞选的旋涡中，被扣上了各种污名帽子。美国民主竞选一直以来都是如此，竞选人在拉选票、得到一部分人拥护的同时，也会被反对者谩骂。

当莫须有的罪名加在自己身上，有些人会对现实失望，急流勇退，选择保持自己正直的名声；有些人则相信假的真不了，迎难而上。只有那些有坚定的信念，不畏惧流言蜚语，在任何时候都不放弃自己的主张的人，才能成为总统。美国最有名的那些总统：林肯、罗斯福等，每个人都顶着如潮的反对声走到台前，开始他们的传奇般的执政生涯。在他们选择无视他人目光的那一刻，他们已经是成功者。

很少有人能够完全不在乎别人的想法，毕竟，人有社会性，政治家要为人民服务，艺术家想受到人们的喜爱，思想家想了解人们的思想，企业家要紧跟顾客的需要。那么我们该如何把握好"在乎"和"不在乎"的限度，让别人的目光对我们来说，是一种激励，而不是一种阻碍？

首先要认清一个根本问题：过分在乎别人的目光，是缺乏自信的表现。因为对自己的行为没有十分的把握，才总是希望别人来矫正自己；因为对自己的计划不太坚定，才一直想听别人的看法；因为对自己的定位不够明确，才总是想在别人的赞美中找一点存在感。所以，想要减少他人对自己的影响，你需要不断提高自己，让自己足够强大。

　　能力上的强大并不意味心理上的强大。你还需要磨炼自己的意志。你要克服耳根子软的毛病，不能因为旁人的一句话而患得患失，要知道那些东西都是虚的，只有自己的脚印才最踏实。如果不想被动地接受他人的评论，你不妨主动询问他人的建议，这时候他们就会慎重考虑，给予你真正的评价，让你受益。

　　有一些评价你可以不介意。将心比心，你是一个沉默是金、从不评价他人的人吗？在你的诸多议论中，有多少带着偏颇和误解，甚至给他人带去过困扰？人不是全知全能的，没有人能够完全了解你，他们只能通过片面的，甚至错误的印象来评论你和你的行为。这个时候，不要总是怀疑他们有恶意，更不要被他们影响。

　　你需要选择性地在乎他人的评价，好听的赞美，不妨听一些，增加自己的自信；中肯的批评更要虚心接受，这会使你更加完善；那些捕风捉影的流言——不得不说，你越是优秀，这些语言就会越多——你要学着当它们不存在，而不是火冒三丈，影响自己的心情。当流言甚嚣尘上，影响到了你的生活，给你带来极大的不便，应该如何改善别人的印象呢？唯一的还击就是事实和成绩。不必喋喋不休地分辩，你需要做的是得到比别人更多的成绩，让他们打心底里敬佩你。同时，当时间沉淀，黑的就是黑的，白的就是白的，一切都会水落石出。

　　还要清楚认识到这样一个现实：你心目中的自己，和别人眼中的你，根本不是一个人。你心目中的自己有很多优点，即使缺点也带点小可爱，但在别人眼中，你的缺点让人不太愿意忍受，你的优点没有那么珍贵难得，他们没有这么说，仅仅是碍于情面。如果有一天你发现了这种落差，不要失望，也不要气馁，按照你的理想继续打造自己。总有一天，你会有他人达不到的高度，你的每一个行为将会吸引别人的目光。那个时候，你依然活在别人的目光中，但你是主导者，再也不会为他们中的任何一个而动摇。

07. 你要相信，这世界没有那么坏

很多人口中的提防带着敌意色彩，在他们眼中，无事献殷勤肯定藏了坏心，自来熟的人绝对有企图，待人热情非奸即盗，宽厚的人都是伪君子，有领导缘的人肯定送过礼，朋友多的人都是嘴甜又奸诈……总之，一切美好的表面背后都不美好，一切都是阴谋。别人相信"害人之心不可有"，他们却说"人无伤虎意，虎有害人心"，把人当作凶猛的畜生。别以为他们是心理学上说的"被害妄想症"，他们是再普通再正常不过的人，就在每个人身边。

这种恶意心态会带来极其负面的影响，他们会在自己工作场合散播一些恶意的批评，这些批评经过有心人添油加醋，就成了流言；他们的消沉态度会让信任的人伤心，合作的人灰心，亲近的人闹心。一切亲密的关系在他们看来都是别有用心，这种态度又会造成他人之间的猜疑；他们以为自己看透世事，能够给人以启迪，其实他们的状态充满负能量。

郝先生年近半百，他年轻的时候坐火车，曾被陌生人骗过十几块钱。那个年代的十几块称得上"巨款"，郝先生为此焦头烂额，从此，每次坐火车都要加倍提防，小心谨慎，干脆不和任何人说话。虽然他再也没被骗过，但也少了不少乘车乐趣。每当别人热闹地聊天、打扑克，分享食物和见闻，他都在一旁板着脸，扫着自己和别人的兴。

这一天，郝先生出差乘车，他身边坐了个十几岁的女孩，烫出卷的有颜色的头发，身上五颜六色，手机贴得亮晶晶。郝先生知道这是个"90后"，现在的孩子都喜欢这么花里胡哨，完全没有老一辈的朴素。不过，这位90后却是个懂礼貌的孩子，时而问郝先生要不要看杂志，时而请郝先生吃她的饼干，时而想与郝先生攀谈，见郝先生不理会，就和对面坐着的提公文包的男人聊了起来。

郝先生仔细听他们的谈话，女孩说自己开了个淘宝店，现在要去进货，这让郝先生大吃一惊，这么小的女孩已经开始做生意了！难怪她对自己如此热情，是不是想发展潜力客户？而且，这么小的孩子不好好学习，想着赚钱，真是不像话。

没想到，女孩听说对面坐的人是××大学助教，两眼放光。她说自己今年大二，正想修个双学位，对××大学开设的网络课很有兴趣。两个人越聊越投机。郝先生对女孩有些改观，原来这孩子学业、赚钱两不误。但她这么单纯，陌生人说啥都信，不怕上当吗？

更没想到的事发生了，助教身边坐着的一直没怎么接话的中年女人亮出了自己的身份：某产品的代理商，问女孩的网店需不需要从她那里直接拿货。女孩连忙记下她的联系方式，二人相谈甚欢。郝先生越看越觉得自己不了解这个社会。

中年女人很快下车了，郝先生不由对女孩说："你小心受骗！"

"哪有那么多骗子，就算真碰到几个——我也碰到过——谁还没经过点摔打？"90后满不在乎地说。

又过一小时，女孩也下车了。郝先生坐在座位上沉思良久，他觉得自己还不如一个小孩。

为什么有些人会恶意地揣测他人的好意？因为他们曾经吃过亏、上过当、受过骗，一朝被蛇咬，他们从此不再相信他人。这是一种偏激的自保意识，因为一次受骗，就把世界上的人都当成骗子，那些还没行骗的人，不过还没找到行骗的理由。以这样的心态生活，眼中当然处处有危险，身家财产随时受到威胁，这样的人根本没有正能量可言。

如何在人群中分辨这种人？不难。他们做事谨慎、和人谈话总是带着防备态度，就连对最平常的聊天都充满敌意；他们看待一件事物，总会从最阴暗的一面入手；他们要么一言不发，要么便冷嘲热讽；他们很认真，到了苛刻的程度；他们有时候也开玩笑，但说出来的话一点也不好笑……简言之，你总能在他们那里感觉到恶意的存在。但他们并不是坏人，看到你吃亏，他们可能会以嘲讽的语气劝你今后学聪明点，你能分辨出这也是关心。

但你依然不要离他们太近，更不要被他们同化。任何固执到偏激的人都没有一颗平和的心，他们看到的世界也是扭曲变形的。人心复杂，提防没有错，逢人话说三分，不可全抛一片心也没有错，但这不代表世界上没有好人，例如这些随时警惕的负能量散播者，他们被骗过，却也没变得太坏，可惜他们根本看不到这一点。

说个最简单的例子，每个人身边都有那种傻大哥、傻大姐，这样的人实心又热情，也免不了被人占便宜，有时候还会被骗得五迷三道，后悔不迭。但不要以为他们的生活有多不幸，如果他们有了困难，会被人看笑话吗？相反，就连平日经常笑话他们的人，都会尽可能帮助他们。因为每个人心中都有一杆秤，衡量着善恶是非，并同情好人的遭遇。

在生活中，我们应该也必须学会提防他人，但也要时刻谨记提防是为了自保，不是为了作恶，更不是把每个人都当作潜在敌人。否则，我们如何交知心朋友，如何享受集体完成一项任务的乐趣，如何与他人通力合作，又如何安心地享受充实愉悦的生活？你以什么心态看待世界，世界就以什么样的态度对待你，尽管会有不和谐音，但大方向总是错不了。

所以，即使受到了打击，真的被骗上几次，也不必急着对人性绝望，更不必去听那些过来人的"金玉良言"。你应该有自己的坚持，自己的主张，以及自己的人生。在欺骗中，你学会的应该是聪明的防备，而不是恶意的疏远。以善意的目光揣测他人，得来的不一定是回报，但不会失去对未来的向往，这难道不是最大的收获？

第四辑

/

带着希望上路，
即使落寞，亦不堕落

/

我们拥有高远的理想，我们追求生命的华彩，
但别忘了，当没有实力实现时，
我们只能耐心积蓄自己的能力和资本。
暂时的落后也不能代表什么，因为希望一直都存在。
当然，在此期间你得稳住心，沉住气，耐得住寂寞，
经得住诱惑，即使落寞，亦不堕落。
请相信，自我成长将是你所获得的最好的回馈，
总有一天你会扬眉吐气的。

01. "最理想的工作"与"最平庸的人生"

有些人在过一种理想中的生活，这种理想并非大富大贵，而是充满积极的力量，确定明年的生活会比今年好，十年后的生活会跃上新台阶；有些人则过着平庸的生活，这种平庸并非贫穷落后，而是几十年如一日，没有任何进步。

那么，理想与平庸之间到底有怎样的差距？这种差距是从什么时候开始的，又是怎样拉大的？这种差距有没有可能改变，又怎样改变？平庸者和成功者差的究竟是什么？看一看露露的择业经历，也许会给你一些启示。

露露今年大三，开始准备找工作。她并不想考公务员，但却准备着公务员考试。她的姑姑是个女强人，见露露整天忙着背书，而不是到处投简历，就对她说："我觉得以你的能力，即使进入外企也不成问题，为什么不努力一下呢？"

露露说："听人说外企压力大，没有休息日，而且很难进入高层。何况我外语也不好。"

姑姑说："外语不好可以练，你其他的条件都合适呀。"

露露继续说："外企没有我想要的工作。"

姑姑一针见血地说："你期待什么样的工作？让我来猜一下吧。这份工作不需要太高的薪水，只要够你生活就行，当然，最好每年都有一笔额外的奖金和足够长的假期；这份工作最好不那么忙碌，不会让你天天加班，日日焦头烂额，而是保持一种舒缓的节奏，一天下来不会那么累；这份工作是稳定的，不必担心有失业的危险，五险一金当然必不可少；这份工作的竞争没有那么激烈，职场氛围相对轻松，不必与人钩心斗角……我说的都对吗？"

露露惊讶地看着姑姑，姑姑叹了口气说："现在的年轻人都像你这么没志气吗？"

露露惭愧地点点头说："我认识的同学也都想找这样的工作，所以他们也在备考公务员。"

姑姑说："都是一群没远见的孩子，考上了又怎么样，拿着死工资，十年 20 年也升不了多少。明明更有能力，却不上进，真不明白你们是怎么想的，是不是只要有房子住，有人娶，吃得饱饭，你就满足了？也不想想你一年的工资都不够出国玩上一回！"

姑姑断断续续地说了几个小时，露露越听越觉得有道理。晚上，她拿出英文词典和简历模板，开始字斟句酌地写英文简历，准备把它投给几个她心仪已久的大公司。

要是上天给我们一个机会，能随意选择一种生活状态，你会选择哪一种？我想没有几个人愿意选择辛辛苦苦地生活，渴望安逸是人的常态。故事里的露露想要的那种生活，正是许许多多年轻人的心理写照，而她的姑姑却毫不留情地指出：你还没奋斗就想休息，做梦。

是的，那种悠闲、富足、每天有事做又不忙碌的生活，只出现在退休之后，前提是你年轻的时候足够努力，既有丰厚的储蓄，又有完善的保险，还有保养得当的身体。但很多老年人却仍在为贷款、为生病、为儿女不断操劳，这些老人用亲身经验告诉我们：年轻时候不奋斗，不敢吃苦，老了就会受累。如果一直存在安逸思想，未来你只会更累，更苦。

为什么我们这么喜欢轻松？因为我们从小就被父母娇养，没有尝过太多生活的艰辛，不明白一食一饭来之不易，看不到父母在工作岗位上的操劳。我们习惯了这种舒适，认为人生很简单，只想把这份舒适持续下去。简言之，我们经历的太少，心思太肤浅。不投资无法获利，不奋斗无法收获，这么简单的道理，很多人却吃不透，只当作一句空话。

而平庸者和成功者差的就是心态，敢吃苦、肯吃苦的人在心态上就已经超越了大多数人，他们注定能够跑在前面。吃得苦中苦，方为人上人，这句话传了几千年，就是为了告诉后人：一切成就来自艰苦卓绝的努力，付出和回报永远成正比。你想要过更好的生活，就要吃更多的苦，你走得越高，承受的越多。

不思进取是平庸的开始，有的人在人生的起跑线上就放弃了竞争权，想要追求安逸，实际上，没有一种成功的生活是安逸的，你看那些成功人士表面上轻松从容，但他们承担着巨大的压力和风险。而人的承受能力是逐渐增加的。你从一开始就吃苦，就耐住辛劳，之后有更大的压力，你也撑得住；但如果你一直都在安逸之中，即使有一天机会降临在你面前，它所带来的巨大压力也会压垮你，你的小力气根本无法抓住它。

而且，苦与甜是相对的，吃过苦的人才能真正领会什么是甜。那一种成功带来的满足感，给自己生活带来的一次次改变，亲人朋友们祝贺的眼神，得到提升时的自豪心情，是平庸的人永远无法体会的。可以说，想要尝甜头，必须先吃苦头，吃越多的苦，胜利的滋味就越让人回味无穷。而平庸的人生就像白开水，一直没什么味道，后来随着疾病和衰老，渐渐变成苦水，却再也没有先苦后甜的可能。

重新想想你的理想工作，如果它是辛苦的，却充满了机会，恭喜，你的心态是健康的，你的未来是光明的，为你的理想开始努力吧，别叫苦也别怕累；如果你理想中的工作是轻松的，一帆风顺的，赶快检讨吧，这样的工作要么不存在，要么无法满足你的生活需求。记住，理想必然伴随着辛苦、劳累、困难、风险、失败，否则，等待你的一定是平庸。

02. 没有一件小事是浪费时间的

时常听见有人抱怨自己怀才不遇，总没有机会去做一些大事，而对一些小事、细节，却总是心不在焉、掉以轻心、敷衍了事。"这只是一个小问题，用不着那么认真"，如果你总是抱着这样的想法，不管你自身的条件多么优越，你都很难会实现自我、成就自我，甚至有可能碌碌无为，一事无成。

这并非危言耸听，因为一项大事往往是由很多小事情组成的，很多的小事汇集在一起就是一件大事。执行一项工作，实际上就是去做那些小事情。而在环环相扣中，一件看起来微不足道的小事，一处似乎可有可无的细节，往往决定着事情的进展状况，稍有疏忽就可能导致严重的后果。

"缺了一枚铁钉，掉了一只马掌；掉了一只马掌，折了一匹战马；折了一匹战马，伤了一位骑士；伤了一位骑士，输了一场战斗；输了一场战斗，亡了一个帝国。"这是英国民间流传的一首歌谣，说的是查理三世因为缺了一个钉子的马掌，葬送了约克这一庞大王朝的历史故事。

一个人能不能成事，其实这取决于对待小事的态度，千万不能因为这些事小就敷衍对付或者是轻视懈怠。

成功者的大脑中总是有这样一种信念：没有一件小事是浪费时间的。有人也会说："我也每天做着各种不起眼的小事呀，可为什么成功还是距离我那么远呢？"在这里，要告诉你的是，我们都期待着自己所做的事能够产生一个质的变化，但是若没有足够量的积累，那质变就是一种空谈。

阿基勃特是庞大的美国标准石油公司的一名职员，他是一名再普通不过的销售员，每天的工作就是向客户推销石油。他在出差住旅馆的时候，有一个习惯，那就是总在自己签名的下方写上"每桶4美元的标准石油"这样的一行字。他的这种习惯就连在写书信以及收据上也不例外。久而久之，阿基勃特就有了一个外号"每桶4美元"，而他的真名却越来越少被人所知道了。

公司的董事长洛克菲勒知道这件事以后，对阿基勃特的行为深有感触，为他手底下有这样一个细致和敬业的员工而感到自豪。在洛克菲勒的邀请下，阿基勃特与洛克菲勒一起共进晚餐。在这次谈话中，洛克菲勒看出阿基勃特并非为哗众取宠而这样做，他在实际的工作中也是尽力把每一件小事都做好。于是，洛克菲勒提拔阿基勃特做了董事长特别助理。而阿基勃特在这个位置上依然勤恳上进。后来，洛克菲勒卸任，阿基勃特成了标准石油公司的第二任董事长。

有人说，在签名的时候署上"每桶4美元的标准石油"这样的事情太小了，甚至从严格意义上说，这原本就不在阿基勃特的工作范围之内。但是本着宣传公司形象的目的，阿基勃特这样做了，并且坚持了下来。阿基勃特有过人的才华吗？肯定是有，他最终能够掌管这么大的一家公司，没有一定的能力是无法做到的。但是他就是员工中能力最出众的吗？恐怕并不尽然，他最终能够从众人中脱颖而出，不轻视每一件小事，慢慢地坚持去做，绝对是一个非常重要的原因。

你想成为像阿基勃特这样的人吗？告诉你，这并非不可能的事情，重要的是，你能否像他那样坚持去做身边的那一件件小事。这个道理很简单，一部鸿篇巨制需要由一个一个的词语组成，而大事也是由一件件的小事连接而成的。坚持把小事做好以后，通过一点一滴地积累，那么何愁做不成大事？

刚迈入不惑之年的刘斌担任某跨国集团驻中国区的总裁，手下各个地区的办事处员工加起来，总数达到了一千多名。刘斌有一个习惯，那就是记住每一个员工的名字。也就是说，他能够叫上所有员工的姓名来。这在很多人看来都是多此一举的事情，毕竟作为一名高管，费心去记住每一名下属的名字无疑是一种浪费时间和精力的做法。但是刘斌有着自己的打算，在他看来，自己作为集团驻中国区的总裁，责任是带领着大家把事业做好，而能够叫得出每一个员工的名字是对员工的一种尊重。

一天晚上，刘斌陪着总部的大老板来公司拿一份资料，在上电梯的时候，碰到了一名销售部的员工。这个男孩还带着一名女孩。顿时，狭窄的电梯里的气氛有点尴尬，一位是总部大老板，一位是区域总裁，一位是普通的销售员，还有一位并不熟悉的异性。就在这个时候，刘斌和那个员工开始交流起来，很随和地问："张海，今天加班呀？你们现在正在做的那个项目进展得怎么样？"这个名叫张海的普通员工突然愣了，因为他没有想到总裁能够叫出自己的名字，还知道自己如今在做的项目。但好在他是一个踏实工作的员工，定了定神，便如实汇报起来。

第二天早上，当刘斌打开邮箱时，收到了张海晚上 11 点钟发过来的一封邮件。在邮件里，他这样写道："刘总，您今天让我太有面子了！我带来的这个朋友还没有成为我女朋友，但是因为您堂堂一个大总裁居然能够叫出我的名字，并询问我项目的事，这已经为我的形象加分不少。"刘斌也许并不知道，其实在取完资料陪同大老板回酒店的路上，大老板也对刘斌赞不绝口。他认为刘斌一定能够在中国区总裁的位置上创造出良好的业绩，因为从这件小事中，大老板已经看到了刘斌对待公司和员工的态度。

看到了吧，没有什么小事是浪费时间的。成功虽然存在着一定的偶然性，但是任何耀眼的成功都是在一点一滴的积累中获得的，而那些能够关注小事的人无疑将会拥有更大的概率，古语曰"不积跬步，无以至千里；不积小流，无以成江海"，说的正是这个道理。所以，从小事慢慢做起吧！

相信，在不动声色中，你就会创造出一番成就。

03. 只是娱乐而已，别迷失自我

如果你突然多了一个休息日，你可以去的地方太多了。随便找一条商业街，就会看到各种各样的招牌。你可以去大商场或小铺子里买衣服饰品，去健身中心跳操，去随便一间饮食店饱餐一顿，再去咖啡店或茶餐厅听听音乐。即使你只愿意宅在家里，可供你选择的娱乐也多不胜数。你可以打游戏，聊天，逛论坛，拍视频，去看看哪家网站在团购……

这是一个倡导娱乐的消费时代，商人们看准了人们的空虚心理，挖空心思推陈出新，各种软件、游戏、消费品都是为了让你更好地打发时间。而且，这些东西会让你产生一种错觉，好像自己只是玩了一小会儿，没用多少时间。事实上，你的时间就这样被一点一点地挖空。你的购物、你打开页面、你不断聊天所产生的费用和点击率，都装进了商人的腰包，而你不但耽误了时间，还被掏空了钱包，双倍的损失。

魏先生和魏太太正在吵架，魏先生认为魏太太在网络上花了太多时间，这些时间本来应该去做更多有意义的事。魏太太认为搞科研的魏先生古板、接受不了新鲜事物，她争辩道："我只是看个网页，聊几句天，何况这两件事还是同时进行的，能用多少时间？就算是购物花的时间多一点，但那不也节省了我去商场闲逛的时间吗？"

两个人的争吵没有结果，魏先生建议用科学的方法分辨对错。他给魏太太一个计时器，规定在一周之内，每次魏太太上网做什么，都要按下计时器，严格记录。

还没过一周，魏太太就被结果惊呆了，就拿周二这一天的记录来说，她看网页聊QQ的时间是一小时36分钟，看的是明星八卦网页，聊的也是类似的内容；看一个搞笑视频用了23分钟；此外她还在淘宝上逛了49分钟，还因工作和人视频聊天八分钟，帮老板订车票用了一分钟，给父母问个好用了两分钟。结果，她这一天上网一共用去将近两个小时，却只有11分钟在做正经事！而这一天是她上网时间最少的一天。

一周结束，魏太太乖乖认输，她也决定不再把大量的时间耗费在网络上。她还把这件事写成了周记发到网上，建议看到的人都定时记录一下自己的网上活动，就会明白自己究竟耗费了多少时间在无意义的事情上。

据说在赌城拉斯维加斯的赌场里，灯光全部经过精心设计，昏暗、恍惚、迷醉，让人根本分不清白天黑夜，只知道沉浸在赌博的快乐中。我们经常去的超市也是如此，超市很少用激烈的音乐，总是用舒缓的音乐、整齐宽敞的货架，让人愿意多逛一会儿，自然也就会多买一些。商家熟谙消费者的心理，总是用这些法子来促使我们多花钱。

如果只是花钱，至少我们可以赚回来，但我们花出去的时间，却再也找不回来。所以，我们必须注意生活中那些消磨时间的陷阱，一不小心，就会耗费大量的时间在里面，然后懊悔自己一整天竟然什么都没做，只是打了一个停不下来的小游戏，这实在让人沮丧。

想不浪费时间，首先要在心理上端正态度。

首先说说娱乐，我们的生活不能只有工作，我们需要娱乐放松身心，舒缓精神，增加幸福感。打游戏是可以的，聊天也是没问题，关键在于"度"，不要扑到一件事物上就没完没了。当然，设计这些东西的人着意增加趣味性和难度，调动你的斗志，让你有一种不达目的誓不罢休的干劲。但请仔细想想，你能得到什么呢？还不如把同样的力气用到工作上，你肯定会有奖金拿，说不定还会有升职机会。

何况，娱乐要讲究健康。在电脑前一坐数个钟头，视力不断下降，颈椎不断受压迫，手腕也觉得不舒服，周身肌肉都僵硬，这么做只有一时的舒服，却会换来长久的疾病。想要娱乐，首选还是那些户外活动，打球、游泳、登山，哪怕是在公园里散步，也能助你发泄劳累和抑郁的心情，做这些对身心有益的事，才算不浪费时间。

再说说购物吧，这个问题在女性身上体现得尤为明显，她们总是对逛街、刷淘宝情有独钟，但令人惊讶的是，有的时候她们什么也不买，只是一个劲地看；有的时候她们根本不顾自己的钱包，宁可透支也要买、买、买。这两种不理智的行为，带来时间和金钱的大量消耗，却并未给她们的生活带去真正的正面影响。

女性为什么克制不了自己的购物欲？其实她们是在寻找一个发泄途径，让自己郁闷的心情得以缓解。现实有那么多的不如意，女性天生的委婉温和又让她们不得不保持礼貌和端庄。这些委屈累积在心里，她们就通过花钱达到平衡，以为买一堆东西，或看一堆东西就算疼爱自己。这是现代女性的心理重灾区，只要简单想想就明白：今天你花了不必要的钱，明天你就要受更多委屈把它赚回来。为什么不选择其他方式？还是那句老话，因为懒。

有两个方法可以助你远离消费陷阱和浪费时间陷阱。首先是要理智地安排自己的娱乐时间。每到假期和休息日，不要失去平日的计划性，要留出特定的时间去做"正经事"，例如健身、阅读、访友，其余的时间才用来打发，随你慵懒。特别是在购物问题上，一份事前清单能让你直奔目标，节省多余的闲逛时间，也把钱包捂得紧紧的。

第二个方法，是把你的生活节奏适当拨快。自己把握快慢程度，15 分钟做完的事，试着十分钟完成，你会发现没有那么难，不会让你感到特别的劳累，却会带来特别的充实感。而节省下来的时间可以做更多的事。当然，不要把 24 小时塞得满满的，剩下来的时间也可以用来休息——不是打游戏，是思考和冥想，或者干脆放空自己神游一番。劳逸结合，这会让你将事情做得更快，也让你活得更轻松。

04. 对诱惑说"不"……

诱惑和好奇心是一对天生的好搭档。带着强大刺激性，人们很难摆脱好奇心的控制，想要尝试新鲜事物，想要知道那些自己没做过的事究竟是什么内容。

诱惑和自制力是一对天生的死对头。自制力总是挡在诱惑前面，让诱惑不能前进，逼着人们重新思考、重新选择，让他们对诱惑绕道而行。

我们总是在好奇心和自制力之间徘徊，一方面告诫自己千万不可以尝试某些事，另一方面意念又在蠢蠢欲动，怂恿我们试一试；自制力告诉我们尝试有糟糕的后果，好奇心告诉我们试一次不会有什么事；自制力宣布所有诱惑都会导致人生的悲惨境遇，好奇心却说人生应该尽可能丰富，完全没有出轨的人生是多么乏味啊！我们看着听着二者的拔河，不知道该选择哪一边。无数经验告诫我们相信自制力，但本能又在呼应顽强的好奇心。

格林太太正在家里教训两个儿子汤姆和杰米。汤姆今年15岁，吉米12岁，两个男孩几乎同时到了叛逆的年龄，也几乎同时对一件物品产生了浓厚的兴趣。若不是格林太太在洗衣服时仔细辨别上面的味道，她根本没发现两个孩子竟然开始吸烟。

教育的结果是显著的，两个孩子竟然公开在客厅里拿出香烟。他们根本不想听妈妈的话，认为想做什么是自己的自由，妈妈无权干涉。何况他们也不相信，随便吸几口过滤烟就会成为妈妈口中的"烟鬼"，大人教育孩子的时候就喜欢危言耸听。

邻居凯利先生听说了这件事，他是一个"资深烟草爱好者"，已经有几十年的吸烟历史，他建议格林太太将这件事交给自己来处理。这一天，凯里先生去格林家做客，他表示愿意给两个男孩讲讲烟草的乐趣。

"来吧，孩子，我来给你讲讲我为什么会成为一个老烟枪。"老人搂着两个男孩的肩膀，和他们一起坐在沙发上。汤姆和杰米能闻到老人衣服上的烟味，他呼吸里的烟味更重，这让他们很想捂住鼻子。凯利先生说："我第一次吸烟和吉米一样大，我认为我在做一件很酷很帅的事，而且即使它有危害，我也有自制力，不会一个劲吸下去。

"可是我错了，烟草本身就让人上瘾，年轻的我并不是不知道这一点，却总是小看它。等到 20 岁的时候，我想戒掉这个东西，它在过去的八年花光了我所有的零用钱，但为时已晚，我根本不能离开它。在过去的几十年，每次我想戒掉它，都会无比痛苦，最后还是重新拿起它。当然，它并没有像毒品、赌博一样使我倾家荡产，事实上我和普通人一样有工作和家庭，但是，就你们看到的而言，你们认为成为一个烟鬼是好事吗？"

汤姆和吉米打量瘦骨伶仃的凯利，他还有严重的咽喉问题。据妈妈说，凯利先生的肺部早就出了问题。汤姆和吉米没有说话，但自那天以后，他们非常默契地远离了香烟。格林太太再也没有为这件事操过心，她衷心感谢凯利先生。

永远不要高估自己的道德感和自制力，你以为它们如同堡垒一样坚不可破，可以把任何诱惑拒之门外，但诱惑永远以出其不意的方式降临，以令人着迷的音调在城外不断说："试一试吧，没有关系。"这时候你说不定还要亲自打开城堡大门，将它堂而皇之地迎进客厅！诱惑之所以成了一个人人想要回避又人人向往的词语，就是因为它有这种魔力。

一个简单的例子就能让你懂得诱惑的可怕。如果你有节食的经历，不论你在减肥、生病忌口，还是忙得没有时间吃大餐，当你路过蛋糕店或路边摊，迎风飘来的香味挑逗着你的味蕾。你看着奶油堆砌出来的梦幻般的蛋糕，还有路边摊闪着诱人色泽的肉类，都会忍不住猛咽口水，这完全是一种生理反应。你需要多大的力气才能继续迈出步子，不再去看那些美味的食物？也许你已经在对自己说"就吃一小口，不碍事"，然后掏出钱包冲上去了。

诱惑的进攻如此准确而有攻击性，我们如何抗拒诱惑？

牢记大目标，忽略小诱惑。每个人都在追赶着人生的路程，而诱惑就是其中的分岔，一个小分岔有可能偏离大目标，当你重新想要走回去，就要花双倍的时间，还要面对归位时的落后。所以，在诱惑面前不断提醒自己该做的事，警告自己不要浪费时间，可以有效地制止逾矩的行为。当然，很多人都是在吃过亏以后才明白这一点。

保持道德的纯度。很多诱惑有碍于道德，这时就要告诫自己绝对不能尝试。不能做、不该做的事才称得上诱惑，拒绝诱惑，就是让自己远离犯罪、灾难、是非，保持自己的独立性和灵魂的纯洁。如果做不到这一点，我们很容易从小错误发展到大错误，这种后果是灾难性的，几乎可以完全粉碎我们本来美满的人生，必须慎之又慎。

给自己适当的奖励。有些诱惑完全可以当作目标和奖励，例如，有些白领辛辛苦苦工作一个月，取得了不俗的成绩，这时候就会下单订购一款自己早就看中的时装，作为奖励，这件衣服一定价值不菲。但只要有节制，这样的奖励有何不可？可以带来更多的动力，在需要自制的时候继续自制。做任何事，都要灵活圆通，才能不亏待自己。

拒绝要有明确的态度。暧昧不清只会让诱惑对你更感兴趣，而当我们对诱惑说"不"，就是表明了自己的立场，就算为了自己的尊严，也要坚持下去，这是一种形式上的逼迫，却极为有效。总之，诱惑无时无刻不存在，有时候难免被刺激、被吸引，偶尔也会尝试，但人应该始终记得自己是谁，要做什么，唯有如此，才能远离那些致命的诱惑，保证自己在正确的道路上，避开那些让你万劫不复的陷阱。这是人格的坚持，也是本能的自保。

05. 一定自制起来，打消不良念头

你有没有想过人为什么会变坏？在受到教育、有正常思维的情况下，人为什么会产生犯罪意识，或者不能克制违背道德的念头？也许是因为诱惑，也许是因为在旁人的带动下无意识地尝试，也许是因为不懂事。可以肯定地说，最初人并不是有意想要变坏，他们也不希望被人唾弃，也不希望良心不安，也不希望违背大多数人的社会准则。

但人一旦变坏，除非及时加以纠正，否则就会成为一个不可逆的过程，他们会觉得反正都做了，干脆做下去吧。做好事如此，做坏事也是一样。一次和100次没有差别。底线一旦突破，羞耻心就会消失，而周围人的非议更加深了破罐子破摔的心态。他们惊恐地发现自己很难再回头，也就只好一路走到黑。

在这个问题上，防微杜渐这个成语很适合让我们警醒。所有的坏事都有个开头，而这个开头常常是不起眼的小事，常常在很短的时间发生，所谓"一念之差"，说的就是人类在错误的念头下没有克制自己，做出了错误的选择。这样的"一念"常常出现在我们的生命中，如果没有足够的警觉，很容易被它引入深渊，难以翻身。

一个惯偷接受电视台的专访，做了一期名为《犯罪的开始》的节目，这个节目旨在揭露各种罪犯走上犯罪道路时的心理，以及其原因和目的。这个小偷小刘是一个 19 岁的青年，他曾是某重点初中的学生，曾有很好的成绩。

　　他说，第一次偷东西是初一，在一家小超市，当时朋友中有个人发现一家超市监控系统有漏洞，拿了很多小食品，在宿舍贩卖，大家以为他是批发做学生生意，谁也没在意。小刘和他关系不错，知道了这个秘密。他觉得不妥，又很羡慕这个同学有这样的生财途径。终于有一天，他也去了那个超市，哆哆嗦嗦地在超市的货架前逛来逛去。在那几分钟，他一直犹豫，一直挣扎，终于忍不住拿了一条十几块钱的毛巾。

　　那之后，小刘尝到了甜头。他有时会在小超市、小商品店拿一些东西，有时候会在路边摊贩那里顺手牵羊，看到其他宿舍门没关，他就偷偷溜进去拿走同学的手机或游戏机，迅速在校外卖掉。只有一次，小刘在手机店偷智能卡的时候被抓住，但店家看他年纪小，道歉恳切，就没有交给学校处理。也许是一直以来的"顺利"，让小刘在这条道路上越走越远，他越来越享受不劳而获得来的金钱，越来越懒得去做书桌上堆积如山的习题。他没考上高中，整天和同伙一道在街上游荡，在公车上伺机下手。

　　最近，他和一个同伙想要偷拎一位先生的电脑包，被行人当场抓获，扭送到公安局。警察深入侦察，发现他们是一个不小的偷窃团伙，所有成员年纪都不大。他们有一个共同特点，就是在最初一次偷窃之前，他们都以为犯罪与自己无关，也不相信自己会偷别人的东西。

如果在超市闲逛的那几分钟里，小刘能克制住诱惑，收住想要偷窃的手，快步走出超市，他的人生完全可以是另一个局面：他在不错的学校读书，理应按照普通人的步调，升高中，考大学，做正当的工作。短短的几分钟，让一个人完全改变了。可见，一个人要变坏只需要短短的几分钟。

几分钟的克制很难吗？对一个习惯三思而后行的人，这显然不是什么难事。他只需静下心思考一下，不良的念头就已经溜走。如果他是一个懂得自省的人，还会为这念头惭愧不已，提醒自己下一次千万不要有这种想法。人的道德感就在一次次的思考和自省之中得到提高，即使最终不是完人，至少不会成为罪人和坏人。

但对很多人而言，他们只有薄弱的自制力，他们克制不住想要贪便宜、走捷径、不劳而获、损人利己的念头，他们还会用"人不为己天诛地灭"来将自己的想法正当化。但是，在想的阶段，只能证明我们是有弱点的凡人，还可以自嘲竟然有这种念头；一旦想法上升为行动，就会被定性，任何失去底线的行为都是丑恶。

人都有羞耻心，做了损人利己的事会良心不安，但如果任由自己的丑恶行为发展下去，道德观念就会不知不觉间消失。旁人的哭泣和无助也再不能打动他，让他心生怜悯。铁石心肠的人并不是从一开始就冷血，他们是在逐渐堕落的过程中，远离了人群，与大众利益为敌，只顾一己私欲。所以，不想成为恶人，就要提防那个丑恶的开始。

法律是最低标准，不做违法犯法的事，你就能够远离大部分丑恶行为。而这些法律根本不需要你特意学习，父母老师、同学路人都在以言谈和行动告诉你，是好是坏一目了然。而道德是更高的要求，它代表自我的日趋完善，需要更多的自制力和判断力，甚至需要你放弃一部分个人利益，来实现他人的愿望，正因为如此，有德之人才令人尊敬。

告诫自己不要变坏是一个长期的过程，因为诱惑随时随地可能出现，不好的念头也常常在脑子里冒出来，情绪激动的时候更容易产生诸如报复、堕落的想法。这个时候，你的意志力和道德感能否为你保驾护航？还是要任由负面感情侵吞你的内心，让生活一团糟，只为一时之快？记住，在最初那几分钟，你需要做的是警醒、慎重、远离、庆幸。你未来的人生会告诉你，这是一个多么了不起的决定。

06. 接受生活中的不公平

执着改变不能改变的事情，不仅徒劳无益，白白浪费时间和精力，而且会使我们的心中充满冲突和挣扎，不满、抱怨和忧虑等就会来毁了我们的生活，这也就等于被那些不公平击垮了。

既然如此，何必对那些不公平耿耿于怀呢？学着接受现实、接受不公平吧。我们接受生活中的不公平，并不意味着我们是在消极地面对一切，相反，当我们接受了这种不公平的时候，我们的心态也就平和了。在平和的心态下，我们会找到属于自己的人生定位，进而积极地超越这种不公平。

你是不是很羡慕那些成功人士？他们有着令人羡慕的职业、高额的收入，享尽无限风光……但你有没有发现，他们并非一开始就如此好运的，他们也会遭遇各种不公平，但当不公平出现的时候，他们不会愤怒，不会抱怨，也不会惊慌失措，而是怀着必胜的信心积极地去面对，坚持给自己公平。

她自幼就患上了脑性麻痹症。这种病的症状十分惊人，因为肢体没有平衡感，手足会时常乱动，口里也会经常念叨着模糊不清的词语，模样十分怪异。如此本已是一件痛苦的事情，而她还要忍受许多异样的眼光。一些小孩会嘲笑她，用手、石头或棒子打她。毫无疑问，她是不被命运眷顾的"弃儿"。

最初的一段时间，她觉察出自己和别人的不一样，她有过自卑的感觉，直到有一天她看到了高尔基的名言"人都是在不断地反抗自己周围的环境中成长起来的"，她不想让这种生活持续下去，她迫切地感到要增强自己的意志力，适应社会，适应环境，改变自己的命运，拒绝那些不友好的眼光。

她决定要和正常的孩子一样上学，但是上学对她来说是一场可怕的噩梦。她的手总是无法握住笔杆，于是便让妈妈握着自己的手。经过一番努力练习，一年后，她终于学会了写字，虽然要比别人花上很长的时间。自此，她深信一个人只要肯努力，就能做成自己原本做不到的事情。上二年级的时候，她对绘画产生了兴趣。绘画并不是一件简单的事，她花费的努力可能是别人的百倍，但是她做到了。正如她所说："我喜欢绘画，即使一再修改，我也能画下去，我要画下去。"

就这样，靠着坚韧不拔的意志和毅力以及对人生无比的乐观，她坚强地活了下来，考上了美国著名的加州大学，并获得了艺术博士学位，还到处举办自己的画展、演讲会，她就是中国台湾的黄美廉女士。如今，她到处举办自己的画展，现身说法，告诉人们自己对生命的尊敬和热爱。

黄美廉女士腿不能站，身不能动，口也不能说，在常人看来，命运对她非常不公平，简直是苛刻得不能再苛刻了，但是她所取得的成就却是一般正常人都很难达到的。她"得胜"的秘诀就是接受生活中的不公平，积极乐观地适应生活，不断地改造自我和不懈努力，花费了别人百倍的努力。

"一分耕耘，一分收获"，你承受得越多，你付出的越多，往往就会得到更多，你所遭遇的不公也就越少。对此，美国企业家、微软前总裁比尔·盖茨说过这样一段十分经典的话："人生是不公平的，习惯去接受它吧。这个世界不会在乎你的自尊，这个世界期望你先做出成绩，再去强调自己的感受。"

记住，命运负责洗牌，玩牌的是我们自己！

07. 黑夜给了我黑色的眼睛，我却用它寻找光明

　　人生世事难料，生命或多或少都会给我们暗黑的底子，有的人会在黑暗中沉沦下去，有的人则偏要把它涂成明亮的彩色。正如顾城的那一句诗："黑夜给了我黑色的眼睛，我却用它来寻找光明。"

　　的确，身处黑夜困境并不可怕，可怕的是因为黑暗的侵袭而放弃希望。当一个人的心完全被黑夜占据，即使艳阳高照，他的心仍然是冰冷的。一个人心中没有了希望，也就没有了斗志，他就被彻底地击败了。

　　曾经听过这样一个故事。

　　有两个旅行者结伴穿越沙漠。走至半途，水喝完了，其中一人因中暑不能继续前行了。同伴把唯一一支枪递给中暑者，再三吩咐："你每隔两小时鸣放一枪，我找到水后，枪声会指引我与你会合。"说完，同伴步履蹒跚地找水去了。

　　躺在沙漠中的中暑者满腹狐疑：同伴能找到水吗？能听到枪声吗？会不会丢下自己独自离去？眼看夜幕降临了，枪里只剩下一颗子弹，而同伴依然还没有回来。难道自己就这样葬身于大沙漠中了吗？

慢慢地，悲观和恐惧爬上了中暑者的心头，他想象中沙漠里的秃鹰飞来，狠狠地啄瞎他的眼睛，啄食他的身体……终于，他彻底崩溃了，把最后一颗子弹送进了自己的太阳穴。枪声响过不久，同伴提着满壶清水赶来，却只找到了中暑者温热的尸体。

很多时候，打败你的不是别人，而是你自己。就像故事中的那位中暑者，他不是被沙漠恶劣气候所吞没，而是因为内心力量不够强大，无法战胜内心的悲伤和恐惧，最终只会被黑暗所吞噬。

黎明之前必然经历黑暗，因为有了黑暗，探寻光明的价值才会充分体现出来。想要等到黎明前的曙光，首先要做的就是想办法度过漫漫长夜。这是一个艰难的、漫长的、备受"煎熬"的过程，同样也是一个必经的阶段。只要拥有坚强的毅力和不惧黑暗的勇气，终究会看到黎明时喷薄而出的太阳。

事实上，如果你是相信"光明"的，黑暗中我们还有很多事情可做，要从容，要淡定。

海伦·凯勒出生于亚拉巴马州北部一个叫塔斯喀姆比亚的城镇。在她一岁半的时候，一场猩红热夺去了她的视力和听力——她再也看不见、听不见，接着她又丧失了语言表达能力。海伦仿佛置身在黑暗的牢笼中无法摆脱，万幸的是她渴望光明。不久，海伦就开始利用其他的感官来探查这个世界了。她跟着母亲，拉着母亲的衣角，形影不离。她去触摸，去嗅各种她碰到的物品。她模仿别人的动作且很快就能自己做一些事情，例如挤牛奶或揉面。她甚至学会靠摸别人的脸或衣服来识别对方，她还能靠闻不同的植物和触摸地面来辨别自己在花园的位置。

当然，对于一个聋盲人来说，要脱离黑暗走向光明，最重要的是要学会认字读书。而从学会认字到学会阅读，更要付出超乎常人的毅力。海伦靠手指来观察家庭老师莎莉文小姐的嘴唇，用触觉来领会她喉咙的颤动、嘴的运动和面部表情，而这往往是不准确的。她为了使自己能够发好一个词或句子，要反复地练习。最终她凭借自己的努力考入了美国哈佛大学的拉德克利夫学院。在大学学习时，许多教材都没有盲文本，要靠别人把书的内容拼写在手上，因此海伦在预习功课的时间上要比别的同学多得多。当别的同学在外面嬉戏、唱歌的时候，她却在花费很多时间努力预习。

　　就在这黑暗而又寂寞的世界里，海伦竟然学会了读书和说话，并以优异的成绩毕业，成为一个学识渊博，掌握英、法、德、拉丁、希腊五种文字的著名作家和教育家。她的《假如给我三天光明》感人至深。之后，她走遍美国和世界各地发表演说，为盲人、聋哑人筹集资金，建起了一家家慈善机构，为残疾人造福，她被美国《时代周刊》评选为20世纪美国十大英雄偶像之一。

　　海伦·凯勒没有因为自己视野的盲区而在黑暗中惊慌不知所措，更没有因此而沉沦，而是尽力展示了人生的绚丽风采，令人不禁动容。

　　可见，生活中残酷的事情很多，但在黑暗的背后始终有一种名为"光明"的东西在隐隐发光。我们依然要有所期待，有所探寻，保持不灭的信心，熬过最冷最暗的黑夜，用自己的双手赢得未来。在光明下欢笑是一种本能，而在黑暗中欢笑则是一种品质，每个人的救赎最终要靠自己。

08. 相信自己，活着便精彩

假如问你，你身边或者你见到过的最优秀的人是谁？你会怎么回答？

在你做出回答之前，我们不妨先来看个故事。

一位有名望的大师年迈之时，想寻找一个最优秀的弟子，他将一位平时看来不错的徒弟叫来，说："我的蜡所剩不多了，得找另一根蜡接着点下去，你懂我的意思吗？"

"我懂，你需要一位优秀的传承者，您的思想光辉得很好地被传承下去……"徒弟说。

"但是，"大师慢悠悠地说，"他不仅要有足够的智慧，而且要有充分的信心和非凡的勇气……"

"您放心，"徒弟赶忙说，"我一定竭尽全力为您去寻找。"

半年后大师卧病在床，眼看要告别人世，徒弟却没有找到人选，他非常惭愧地说："师父，我对不起您，令您失望了！"

大师失意地闭上了眼睛："唉，失望的是我，对不起的却是你自己，"停顿了许久他才又说道，"本来，最优秀的就是你自己，只是你不敢相信自己……"

话没说完，大师便永远地离开了人世……

最优秀的人是谁？现在，你的答案是什么呢？只要你稍微思考一下，就能通过这个故事领悟到：许多人之所以一事无成，过着平庸的生活，甚至看不到成功的希望，往往不是因为别的，就是因为他们低估了自己的能力，妄自菲薄。为了不重蹈覆辙，每个向往成功、不甘沉沦者都应该自信。

那么，我们如何才能拥有自信？自信就是对自己充满自信，相信自己是最优秀的，相信自己将来会有所成就，心中充满必胜的信念。不管做什么，不管面对什么情况，不管做什么事情，要对自己说："我一定行。"鼓励自己要勇敢一点，积极一点，并相信别人能做到的，自己也一定能做到。

"我一定行"，这是你对自己的宣判，你常常是正确的。

为什么？这是潜意识的力量。一位著名的心理学家对此做过一番解释："关于信心的威力，并没有什么神奇或神秘可言。信心起作用的过程是这样的，相信'我能行'的态度，产生了'我一定行'的能力、技巧与精力这些必备条件，即每当你相信'我能行'时，自然就会想如何去做的方法。"

瑞恩·希里杰克是一个普通的加拿大男孩，一天这个一年级的小学生听老师讲了非洲的生活状况：孩子们没有玩具，没有足够的食物和药品，没有洁净的水，很多人因为喝了受污染的水而死去……他感到震惊，放学回到家后，他对妈妈说："70加币就能帮非洲人打一口井，好让他们有干净的水喝。妈妈，您能给我70加币吗？"

对瑞恩这个善良的想法，妈妈是很赞许的，但70加币对于一个普通家庭来说不是小数目，妈妈不得不直接告诉瑞思："我们负担不起。"妈妈期待瑞恩会慢慢淡忘这件事，但他每天睡觉前都祈祷能让非洲人喝上洁净的水：
"我一定要为他们挖一口井。"见瑞恩对这件事情是如此的认真，再三考虑后，
妈妈决定让瑞恩在承担的正常家务之外自己挣钱，吸两小时地毯挣两加元，
帮家里擦玻璃赚一加元……所有这些都被瑞恩存了起来。三个月过后，70 加
币就快凑齐，而瑞恩的母亲通过一个非营利性组织发现，70 加币只够买一个
水泵，挖一口井则差不多得要 2000 加币。

"孩子你已经尽力了，但你真的不能改变什么。"妈妈对瑞恩说。

"是的，我能行！"瑞恩态度坚决地说道，"只要我做出努力，就能够改
变世界。"瑞恩决定找同学们帮忙，他在讲桌上放了一只水罐，让大家把自己
节省下来的零钱放进去。他还请求妈妈给家人和朋友发了电子邮件，很快有
人回信了："我很感动，我想捐一些钱帮助瑞恩。"一个记者觉得这是个激动
人心的故事，应该登报发表，不久瑞恩的故事出现在肯普特维尔《前进报》
上，题目就叫《瑞恩的井》。

就这样，瑞恩的故事开始迅速传遍加拿大，人们被深深感动了，纷纷加
入到"为非洲孩子挖一口水井"的活动中。五年过去了，这个梦想竟成为千
百人的一项事业，在缺水最严重的非洲乌干达地区，有 56% 的人能够喝上纯
净的井水了。这个普通的男孩儿瑞恩也被媒体称为"加拿大的灵魂"。

这就是自信的神奇力量！未来属于那些更有自信的人，你怎么能不自信？

相信自己吧，并付诸努力，相信你定能化渺小为伟大，活得更精彩。
加油！

第五辑

/

当你用一个个完美的今天去堆积，
美好的未来会到来

/

谁不想主宰自己的人生呢？

幸运的是，我们都有这样的能力。

这里的关键在于，我们能否全神贯注于当下，

有条不紊地把握当下。

逝者不可追，来者犹可待，

生命的意义是由每一个唯一的此时此刻构成的。

认真对待当下的每一刻，切切实实地去把握。

相信，你的每一刻都将活得很饱满、很精彩，

生命也会因此迸发出强大的力量。

01. 正视自己的能力，认清脚下的起点

学生时代，每个人面临的最大挑战就是考试。课堂上有随堂测试，月底或月初有月考，两个月时有期中考，快放假有期末考，还有会考、中考、高考、研究生考、博士考。当我们在题海中挑灯夜战时，不得不怀疑我们的学习就是为了考试。进入社会，考试依然伴随我们，考职称、考资格证书、考出国语言，真是人生何处不考试。

我们为什么考试？为的不是一张通知书、一张毕业证，而是为了给自己找一个更高的起点、更好的平台。千军万马挤独木桥，因为岸那边的象牙塔容量有限，只有足够优秀的人才能当天之骄子。你不得不承认，一个从名校毕业的学生和一个从普通院校走出去的学生，在眼界、气质、心理素质上，确实会存在差别。谁不希望走在别人前面，比别人走得更快？

考试不是人生的决定因素，社会广大，学历不代表一切。那些形象好的人天生就受到别人喜爱，家世好的人有旁人没有的阅历和资源，天才们则剑走偏锋，总能让人惊艳，这是上天给予的高起点。但仍要看到一个现实，有些起点是与生俱来的，但成功绝不是。就像那些暂时落后的人，不代表永远落后。人生只要找对起点，就有成功的可能。

某集团举行了一次大规模的招聘会，一大批毕业生进入了这个发展中的企业。他们有的进入研发部门，有的成了推销员，有的进入人人羡慕的人力资源部门，更多的人被分配到集团下属的小超市当理货员、收银员，这让一些毕业生心里很不平衡。有人不忿地说："我是名校毕业的，却要整理蔬菜，凭啥！"

　　小李是"三流学校"毕业的，论学历，他远远比不上同期被招进来的同事，但他却是其中最勤勉的一个。平日小李话不多，跑腿勤快，从不抱怨沉重的劳动量。领班私下里议论，认为像小李这么沉得住气的年轻人实在少见。三个月试用期，一些人不到一个月就不告而别，另谋高就；一些人叽叽歪歪，每天磨洋工，只有小李以优异的评价转正。领班说到年底，小李有可能第一次升职。

　　等到大家都熟悉了，小李才说起自己的经历。他曾经是一个眼高手低的人，学生时代靠着小聪明混日子，初中还好，高中只考了个普通学校，大学更差，但直到大四，他才意识到自己已经远远落后于同龄人。看到他身边的人学无所成，却仍然做白日梦似的想找个工资高的工作，他更加清醒。如今，他很感谢自己能有一个工作的机会，也庆幸自己觉悟得早，没有继续浪费时间。他只想用旁人达不到的努力程度，来弥补自己过去那些年的落后。他心里只有目标，没有抱怨，这就是他踏实肯干的秘密。

　　一个人必须具备一种清醒的品质，这会让他少走多余的弯路。故事中的小李庆幸自己及时醒悟，选择了踏实的生活态度。故事外的我们是否也有类似的经历？我们的起点在哪里？我们有清醒地面对过吗？定位不准的人不是嫌弃所处的环境，就是被所处的环境嫌弃，高不成低不就，然后一事无成。

想要确定自己的位置，首先要对自己、对环境做一个细致周详的比较。简单地说，你刚毕业，就别想马上做老总；你口袋里只有几千块，就别想马上开个店面；你说话硬邦邦惹人厌，就别想做巧舌如簧的主持人；你根本不会察言观色，干脆不要考虑做业务员；你喜欢安稳的生活，就寻找安稳的职业而不是去冒险。一句话，没有金刚钻，别揽瓷器活。

一个人只有在适合自己的位置上才能可持续发展，进而大放异彩。仔细地审视自己的才能和个性，妥善选择一个方向，要警惕好高骛远的心态。要知道，比你更聪明、更努力的人到处都有，千万不要有一丁点成绩就轻狂无他，否则一定会吃大亏。

自卑心理也是年轻人常有的心理误区。考上大学也好，顺利就业也罢，本来对自己有一些信心，突然发现这么多的同龄人走在自己前面，那份落差感可能确实让人不安。但羡慕他人、轻视自己只会让差距更大，有那份时间不如赶快努力提升自己。放平心态，认清差距：你就是这个起点，但不代表你今后一直落后。

除了那些天生环境优渥，或者有特殊天分的人，多数人的起点都差不多，这个时候看的就是谁能更务实、更努力。那些喜欢夸夸其谈、懒于动手的人，首先会被淘汰；那些总是不自信，做事缩手缩脚的人，步伐永远慢一拍；那些遇到困难承受不了压力的人，又会被挡在成功门外；那些有能力、有魄力，却缺乏耐性的人，无法坚持到最后。经过这层层关卡，只有极少数人脱颖而出。这时，他们已经站在了一个众人力不能及的新起点上。

人生总有落后的时候，因为不懂事，错过了积累人生的最好年华，但有心不怕迟，起点不论高低，只要看得准、站得稳，就可以再一次开始。起点低不是问题，问题是有些人根本没有起点，不知道自己究竟该站在哪里；还有些人站的地方完全埋没了他的才能；又有些人总是羡慕高起点，进入怀才不遇模式，总在抱怨环境。这些问题都应该避免。

千里之行始于足下，不管我们想要为世界做什么，不论我们的梦想有多高，首先要做的就是正视自己的能力，认清脚下的起点。做能力范围内的事，才能不断提高能力；做力所不能及的事，只会带来挫败感。学着将自己放在适合的位置，在那里开始努力，你的人生才能如电梯一般，逐级上升，最终达到你能够达到的最顶端。记住，当你在适合的地方努力奋斗，好运这时也会眷顾你。

02. 想与做，世界上最遥远的距离

"世界上最遥远的距离，不是生与死，而是我就站在你面前，你却不知道我爱你"。

这句情诗常常出现在各种散文、杂记、随感、空间签名、闲聊时的感叹之中，简单而优美的文字诉说了一种见而不得的遗憾，把无奈的情绪写进了人的心坎里。好的诗歌都有丰富的哲理，可以顺着诗人的思路继续延伸，这句"最遥远的距离"也是如此。

世界上最遥远的距离究竟是什么？诗人告诉我们：想要却无法得到。那么在想和做之间，差的是什么？也许是默默暗恋时的一句"我爱你"；也许是机会降临时的一个果断的决定；也许是落后时的一次坚持；也许是克服恐惧后的一次实践……总之，当你有一个想法，立刻将它付诸行动，你总会改变一些什么。或者你被人拒绝了，那么你可以不必继续浪费时间；或者你有了一个不错的开始，可以继续努力。想与做之间，差的就是这关键的"第一步"。

县城的一个饭店里欢声笑语不断，毕业十几年的初中同班生们聚在一起

举杯。十几年的岁月，有些人成了老板，有些人成了教师，有些人当了家庭主妇，人生百态，难以详述。此刻，大家都在听昔日的班长黄先生谈他的未来计划。黄先生认为如今电商发达，如果能联合县城里的大小超市，开展同城快递送货业务，一定能够吸引很多顾客。

黄先生说得越发激动，他说归拢超市业务只是第一步，接下来要推出各种便民的快递业务，并把快递网铺到更远的乡下，还要继续扩大业务范围，到市里，到省里。同学们都觉得这是一条生财之路，鼓励他一定要坚持下去，但是，没有几个同学愿意与黄先生合作。大家都知道，黄先生从学生时代就是一个学习好、点子多，但缺乏行动力的人。他曾有很多好计划、好机会，都在磨磨蹭蹭中错过了，以致现在仍然高不成、低不就。

同学里有一位张先生，对黄先生描述的前景非常感兴趣，他见黄先生迟迟不动手，干脆自己利用手头的资金成立了一家小快递公司。因为便民又省钱，张先生生意红火，不到一年就开始盈利，小公司越来越壮大。黄先生听到这件事后对人说："看吧，我就说这一行肯定赚钱！"听到的人忍不住问："那你为什么不自己做呢？"黄先生支支吾吾，说了一些诸如"资金不方便"、"害怕货运风险"之类的理由，听得人直摇头。

说比做容易。不论你有多么高的天赋、多么丰富的资源、多么聪明的头脑、多么完善的计划、多少人愿意帮助你，如果没有行动力，一切都是空谈。

关于未来，关于事业，关于生活，谁都有许许多多的想法，我们甚至会为自己内心的宏大计划窃喜不已，似乎已经沐浴在成功的光芒中，只等明天醒来，按照梦里的那些计划去实践。但是，有几个人能坚持将这些想法变为现实？一旦涉及行动，多数人就开始叹气，开始找借口，开始否定自己，开始说自己太忙没有精力。

若干年以后，看到别人成功了，他们又开始叹气，开始羡慕，开始强调自己当年也有同样的机会，可惜没有勇气、没有时间去做这件事。即使再给他们一次机会，他们会成功吗？恐怕不能。没有决断的意志力和面对风险的勇气，甚至懒得去迈第一步，那么，一切失败都是咎由自取。

敢想敢做才是人生。生命单向行驶，浪费是几十年，奋斗也只有几十年。谁都羡慕那些有光环的成功者，但那顶光环是他们一步一步登高望远、跋涉奋斗才得到的。而那些想要不劳而获的人，同样过着辛苦的人生，却远远没有那些敢于闯荡的人活得精彩。不想辜负生命，你能做的唯有行动。

行动会产生惯性。一旦开始第一步，我们就会催促自己继续走第二步，好奇心、冒险心理、责任感、骨子里的要强等因素都会让我们不想，也不敢轻易放弃这次尝试。所以，不论想做什么，不要躺在床上幻想，不要一直坐在书桌前写计划，赶快站起来马上去做。狠下心起身，认真地开始一项工作、钻研一门学问、培养一个爱好，乃至运动、阅读、交际，马上去做，节省你胡思乱想的时间，做个行动派，你必须对自己严厉！

行动的累积会成为新的力量。在日复一日的行动中，我们已经付出了心血，如果中途放弃，这些心血就成了无用功；在不断的学习和努力中，我们收获了新的知识、认识了新的朋友、得到了新的乐趣，这也让我们对这项计划更为自信，更加专注；即使遇到了困难，我们也会将之视为一次锻炼自己的考验，愿意多试几次；天道酬勤，在尝试中，我们得到了改变自己、改变生活的机会，整个人焕然一新，这就是行动的力量。

1969 年 7 月，美国阿波罗 11 号宇宙飞船登陆月球，宇航员阿姆斯特朗在月球表面行走，他说："这是我个人的一小步，却是人类的一大步。"下定决心的那一小步，也许就是更改人生的一大步，只要你坚定地迈下步伐，你就已经拿到了辉煌人生的入场券。不论你和梦想的距离有多遥远，只要行动，早晚有一天，它就会在离你最近的地方。

03. 只有没用的人才天天做"白日梦"

    于蓝的工作听上去很有趣：为工厂设计铅笔图案。这工作听上去简单，实际做起来却劳心劳神。最初打稿的时候是灵感四溢的，接下来就要面对厂商一次又一次的挑剔：颜色不够鲜亮，小朋友不喜欢；长度太长，没有考虑橡皮的位置；图案老土，××牌子以前用过；画面性不够，看上去缺少趣味……不论如何努力，他们总能找到毛病，当设计稿从初稿累积到 N 稿，终稿还没有下落，于蓝在绘图软件前欲哭无泪。

    等习惯了这个工作，习惯了每个任务的步骤和加班时的劳累，于蓝就忘了一开始的那些痛苦，开始希望自己能设计出一套风靡全国的铅笔图案，幻想每一个小朋友的文具盒里都有一排她设计的铅笔。有时在坐公车上班的时候，她都会想到坐在她旁边的小学生以后会用到那套图案完美的铅笔。但那是什么样的图案呢？她懒得去想，反正只要努力想就会有这么一套图案吧，说不定哪一天灵感迸发就有了呢！

    在于蓝做着白日美梦的时候，她的同学储天却在挖空心思设计这套图案。储天的工作不是设计铅笔，而是蜡笔。经过最初的劳累，储天终于学会调整工作和休息时间。他不断在休息的时候看各种动画片，到商场的童装区和文具区寻找灵感，总是留意网上父母晒出来的儿童画，甚至还专门读了儿童心理类的书籍，为的是找到更好的设计点子。

几年后，于蓝还在等待她那套美妙图案突然降临，而储天设计的蜡笔已经得到了厂商们的交口称赞。成了某个大品牌的特聘设计师，他雄心勃勃地希望自己有一天能走向国际。

白日梦很容易让人沉迷，只需要闭上眼，在脑子里幻想一番，就能得到一股精神上的满足和周身的愉悦，甚至手舞足蹈起来。这种快感不需要任何金钱，也花费不了多少时间和精力，无疑是一种理想的娱乐方式。当然，它只是娱乐方式，自娱自乐，自说自话，自我满足，和现实没有任何关系，除非你愿意以它为梦想，为之努力。

白日梦最初代表一个人的愿望，在愿望里，一切都是尽可能的美好，没有争执，没有困难，没有不安定的因素，所有人都喜欢你，你的每一个主意都是天才手笔，你的每一次行动都会受到万众瞩目。你不费吹灰之力就能拿到冠军，你不用冥思苦想就有发明，你省略所有步骤却得到了一切想得到的东西，你被所有人赞美并羡慕……

一旦愿望和现实撞在一起，每个人都会看到巨大的落差，原来，自己是个蹩脚的初学者；原来，自己的每一个想法都不成熟；原来，自己的努力得到的只是失败；原来，自己如此普通，毫无亮点……但心中又有个不服输的声音，鼓励我们相信自己就是梦中的那个样子，只是别人还没发现，世界还没承认，机会还没来到。

这个时候，可怕的分岔路出现了，一条路金光闪闪，蜃景般美丽动人，有你需要的一切；一条路灰尘土气，行人都在挑剔地看着你，但在遥远的地方却能看到有什么东西在发光。有些人义无反顾地走上后一条路，有些人却在第一条路上徘徊着，喜悦着，晕陶陶地转着圈。当别人都已经迈了不知多少大步，他们还在原地看着那些虚无的美景，似乎一伸手就能得到。事实上，他们伸出手，只能碰到空气。

沉浸于白日梦，最大的坏处就是减弱斗志，让你飘飘然，忘记理想与行动的关系。你不愿意再去贪黑起早，而愿意在床上多懒一会儿，多想一会儿，会觉得这样做做梦很好，是人生的点缀，帮你对抗外界的苦恼。同时，你的理想、行动力、承受力都被削弱，你变成了壳里的蜗牛，只想背着这个梦慢吞吞行走，最好谁也不要打扰。

沉浸于白日梦，更大的坏处是让你无法认清自己，真的以为自己已经成功一大半，只剩一小步，以为自己的能力已经到达了这个水平，以为一切事情都尽在掌握之中，成功可以信手拈来。一旦真的开始做事，就会受到巨大打击，开始怨天尤人，并重新缩回白日梦城堡中，宁可继续睡也不愿面对现实。

沉浸于白日梦，你会渐渐混淆幻想和现实的界限，你的状态也变得奇怪起来：你的眼神越来越飘忽不定，你总是发呆，旁人都不知道你在想什么。你的工作效率直线下降，思考能力一再降低，出错比率一再提高。你的生活越来越糟，和梦里的一切南辕北辙。

总之，白日梦只在它第一次出现的时候带给人以真实的愉悦和对未来的憧憬，一旦它频繁出没，就百无一益，百无一用，只会让你的生活进入沼泽时代，泥足深陷还不知危险将至。在它彻底地毁掉你的生活之后，留下你空荡荡的躯壳和一无所有的生活，以及毫无亮色的未来。这时你才惊觉自己浪费了许多时间，却什么都没有得到！

是的，白日梦是消耗青春的一大元凶，它看上去有多美，毁灭力就有多大。如果你沉浸其中，你的所有青春都会被埋葬在被窝里。白日梦是诱人的，但你唯一能做的就是躲远点，让它在远处闪亮吧。你要走你的羊肠小道，没空理会这座海市蜃楼。

你还在为白日梦神魂颠倒，以为未来近在眼前，却迟迟不肯付出一丝一毫的行动？建议你赶快去浴室冲个冷水澡，好好冷静一下。你现在不冷静，不计划，不行动，在未来等待你的不是你的空中楼阁，而是一瓢接一瓢的冷水。在别人眼中，你也不会是一个有光环的成功者，而是一只失败的落汤鸡。

04. 有些事不会发生，所以最好不去想

　　现实生活中，我们总是习惯预支烦恼，为还未发生或不可能发生的事烦恼。你是否有过类似的经历：夜很深了，一串串的思绪在大脑中东飘西荡地翻滚："明天早上我能够准时醒来吗？要是迟到了怎么办？""明天的报告能做好吗？老板会不会满意呢？"……一晚上辗转反侧，心神不宁。

　　这样的忧虑能改变明天的状况吗？让下面的故事告诉我们吧。

　　有位小禅师每天早上的主要任务就是清扫禅寺中的落叶。可无论清扫得多干净，次日早晨，树下仍会出现一地落叶，小禅师不得不每天清扫。小禅师头痛不已，一直想找个办法让自己轻松些。后来师父跟他说："你明天打扫之前先用力摇树，尽可能地把更多的树叶摇下来，后天就可以不用扫了。"

　　小禅师觉得这是个好办法，于是隔天起了个大早，使劲地猛摇树，心想这样就可以将今天与明天的落叶一次性都给清扫干净了。第二天早晨，小禅师起床后推开门，不禁呆住了：昨天扫得很干净的禅寺，仍然落叶满地。这时，师父意味深长地说："傻孩子，不管你今天怎么用力，明天的落叶摇不下来！"

明天的落叶摇不下来，明天自有明天的落叶，人生也是如此，总是无法强求而又无可奈何的。今天有今天的事情，明天有明天的烦恼，很多事情无法提前完成。如果我们总是为明天的事情担忧，这就等于给自己买了一个"枷锁"，除了徒增烦恼、身心疲惫之外，根本不会有意义而言。

既然如此，我们又何必自寻苦恼呢？别再为明天忧虑了。

不要为明天忧虑，并不是说我们要今朝有酒今朝醉，当一天和尚撞一天钟，而是积极地面对、扎扎实实地做好今天的每一件事。比如精心准备比赛，为了明天的胜利；做好今天的工作，为了明天的安全。只要做好了该做的事，就不必常常担忧后果。等烦恼真的来了，再去考虑也不迟。

不要为明天忧虑，只需采取积极的行动，做好今天的事情就行了，这是应对明天烦恼的最好法宝。别忘了，人们常说的那句话："车到山前必有路，船到桥头自然直。"做好今天的事情，对生活心怀希望，就算所担忧的事情明天真的发生了，这种态度也会使事情朝着好的方向发展。

琳娜今年已经五十多岁了，可最近倒霉的事情接踵而至：丈夫刚去世不久，儿子又坠机身亡。她的心都碎了，整日郁郁寡欢，不知道以后的路怎么走。一段时间后，为了生存下去，琳娜打算到外面找一份工作，但当这个念头冒出来的时候，她自己都震惊了："我已经五十多岁了！谁会给一个老妇人提供工作的机会呢？即便有人愿意，我一个老妇人能干些什么呢？"她不停地担心别人嫌她老，担心别人嫌她动作迟缓……这一系列的担心更让她怀念过去，怀念丈夫在世的岁月，怀念儿子的贴心陪伴，结果病倒了。

了解到琳娜的病情和生活情况后，主治医生说："你的病情太严重了，需要长期的住院治疗。但是你又没钱……我看这样吧，从现在开始，你可以在本院做零工，每天打扫病人的房间，以赚取你的医疗费用。"反正没有比这更好的活法了，而且就目前的情况来说，自己似乎根本别无选择，于是琳娜开始手握扫帚，每天不停地忙碌着。慢慢地，她不再担心什么，内心也恢复了平静，因为实在太忙碌了，结果她的身体居然奇迹般的康复了。而且，由于经常接触病人，琳娜对病人的心理有了大致了解，后来她被院方聘为护工。新的人生要开始了，琳娜写下这么一句话："昨天已经过去，明天尚未到来，今天是最好的一天。"

琳娜的人生故事，是否对你有所启迪呢？如果你不曾有过类似的那种体验，不妨设想一下，如果这个世界将如电影《2012》中所述，即将灭亡，你在仅剩的时间里会怎样生活？忏悔过去所犯下的错误，展望那虚无缥缈的未来，还是学会享受现在的一切？不言而喻，当然是最后一种。

更何况，明天的大多数忧虑都是毫无意义的，它们只存在于我们的想象中，不过是一个个自我的想法，并不会真的出现。"世界上有99%的预期烦恼是不会发生的，它们很有可能只存在于自我的想象中"，这是二战时期美国作家布莱克伍德的一句名言，也是他的亲身经历。

布莱克伍德的生活几乎是一帆风顺的，即使遇到一些烦心事，他也能从容不迫地应付。但是，1943年夏天因为战争的到来，世界上的大多数担忧接二连三地向他袭来：他所办的商业学校因大多数男生应征入伍而出现严重的财务危机；他的大儿子在军中服役，生死未卜；他的女儿马上要高中毕业了，上大学需要一大笔学费；他的家乡一带要修建机场，土地房产基本上属无偿征收，赔偿费只有市价的十分之一……

一天下午，布莱克伍德坐在办公室里为这些事烦恼，他把这些担忧一条条地写下来，冥思苦想却束手无策，最后只好把这张纸条放进抽屉。一年半之后的一天，在整理资料时，布莱克伍德无意中又发现了这张已经不记得自己写过的便条，而且这些担忧没有一项真正发生过。他担心他的商业学校无法办下去，但是政府却拨款训练退役军人，他的学校很快便招满了学生；他的儿子毫发无损地回来了；在女儿将入大学之前，他找到了一份兼职稽查工作，帮助她筹足了学费；住房附近发现了油田，他的房子不再被征收……

　　最后，布莱克伍德得出了一个结论："我以前也听人们谈起过，世界上绝大部分的烦恼都不会发生。对此我一直不太相信，直到我再看到自己这张烦恼清单时，我才完全信服！为了根本不会发生的情况饱受煎熬，真是人生的一大悲哀！"后来他根据此事还写了一本书《99%的烦恼其实不会发生》。

　　看到了吧，世界上99%的预期烦恼是不会发生的。停止你的忧虑吧，不要再用以后的烦恼来预支现在的快乐，一天的难处一天担当就足够了。重要的是，我们可以把从忧虑那里节省下来时间和精力，感受此时此刻幸福的人生，好好地把握今天，从而给明天的成功、明天的幸福创造机会！

05. 一天天抱怨没用，还不如一天天行动

随着我们生活圈子的扩大，我们将接触人生百态，我们难免会对他人的生活产生感叹，并将他们与自己做出比较。在我们眼中，有积极的人生，也有消极的人生。积极的人注重行动，消极的人喜欢口头的一切：口头上的设想，口头上的计划，口头上的未来，以及口头上的遗憾，口头上的辉煌过去，千言万语，最后化为口头上的抱怨。这也成为他们生活的主要内容，让身边的人烦不胜烦。

多多最害怕去外婆家里聚会，不是因为她讨厌外婆，而是她怕了姨妈的叨叨经。

姨妈今年35岁，还没进入更年期，嘴却时刻不闲着，逢人便说她的"不幸遭遇"：丈夫外遇，儿子不孝，工作不顺，命不好运气差，没有人关心，什么人也不可信只能靠自己，看到别人的孩子真羡慕……这些话多多翻来覆去听了足有上百遍，姨妈每次看到她，都如同第一次对她说，还要增添一些细节。多多一看到她，就想到小说里写的祥林嫂。

又一次聚会，又一次听姨妈唠叨，回家后，多多实在受不了，干脆拉起

妈妈诉说姨妈对自己的听觉虐待。多多委屈，她一个十几岁的小孩懂什么人生艰难，却要因为礼貌不断听姨妈抱怨。多多越说越多，说完了才觉得出了一口气。从此以后，每次见过姨妈，她回家都要对妈妈抱怨一通，渐渐成了惯例。

一次，多多又在拉着妈妈抱怨，好脾气的妈妈安慰道："你姨妈心里难受，你是小辈，忍着点吧。"多多不满地说："她心里难受别人就好受吗？有这么多时间抱怨，不如再去找一个工作，再去找一个姨夫！"多多的爸爸刚好路过，看着多多说："多多，我怎么觉得你越来越像你姨妈了？"多多大惊，仔细一想，可不是，最近自己也总是抱怨，原来抱怨会传染！

每一天，我们都会听到很多抱怨声，不论在公车上、大街上、餐馆里，还是办公室，抱怨的内容五花八门，我们就像故事中的多多那样，怀疑那些整天抱怨的人是不是祥林嫂附身。鲁迅先生是智者，他写的这篇小说早就告诉人们抱怨者的结局：那些最初同情你的人，会开始看你的笑话；那些最初看热闹的人，会鄙弃你，甚至侮辱你；那些看不起你的人，会更加看不起你。即使如此，人们依然忍不住要抱怨。

为什么会抱怨？因为生活中烦恼太多，不如意也太多，每个人都需要发泄。如果心中的负能量没有一个清空或减少的渠道，堆积在一起，迟早将人压垮。那些抑郁症患者往往就是太不注意发泄，什么事都憋在心里，才把忧愁从心理演变为病理，这的确值得我们警惕。还有一个对比：那些喜欢抱怨的大妈们抱怨完毕，每天仍然可以乐呵呵地生活；那些很少抱怨的大叔们却整日愁眉紧锁，未老先衰。看来，发泄的确有道理。

那么为什么不通过更健康、更有建设性的方式发泄？例如跑跑步、健健身、养花种草、遛宠物？都是发泄，都是耗费精力，找个朋友打几场篮球，不也同样能达到身心平衡的目的？这又涉及人性中的懒惰层面。人们实在不愿意为一点点小事去耗费更多精力，动动嘴是最简单的，随便找个人当垃圾桶倾诉一番，心情不好就继续倾诉，这才多快好省。

这种抱怨也导致了人的行动力的下降。例如，有人抱怨上司有事没事就打电话，干扰了休息日的生活。如果他在抱怨的过程中消化了怒气，这件事自然就成了小事。但这却是一件悬而未决的小事，下一个休息日，上司再次来袭，他又会找人抱怨。最后所有人都知道他生活中有一件不得了的小事，但他就是不去解决，这是上司的问题吗？一开始是的，但日子久了，所有被迫倾听的人都会觉得他本人有问题：既然你这么烦，为什么不对你上司说？

最恰当的做法是不要让你的不满停留在口头上，你需要行动。你不满意他人，可以委婉地提出意见，或者干脆离得远点；你不满意环境，就尽量改变环境，或者换个环境；你不满意自己，就有计划地做出调整，看到自己的改变，甚至去换个发型，都会有不一样的心情。任何行动都会带来一些改变，口头上的抱怨只会让心情越来越糟。

当口头上的内容变成实际上的行动，你就会发现生活没那么艰难，困难没那么可怕。而且，你自然而然就会失去抱怨的时间，甚至检讨自己曾经浪费的时间。行动就如清风，扫荡你的心灵和你的生活，让你必须把烦恼暂时放到一边，把琐碎的念头统统扔掉，因为当你专心致志地做一件事，你会发现你忙得根本没时间抱怨。

行动能让消极转化为积极，即使最初是强迫性的，也会在不断地获得中填充力量和信心，开始注重行动本身，这就是积极心态的基础。而最好的状态是不要总对这个世界负气、抱怨，不要总对生活充满失望。你缺少，就努力去争取；你伤心，就努力寻找开心的事物。古老的辩证法告诉我们，任何事物都有两面。抱怨的人只看到阴暗面，如果你正在阴暗中徘徊，不妨逆向思维，去寻找光明的一面。如果你拧在一件事物上想不开，干脆就把目光放大放远，世界上有那么多好玩的事、有趣的人、值得尝试的行动，你为何要与自己过不去？

　　不论你遭遇了什么，抱怨只是最消极的反抗，它恰恰证明了你的无能。想要过和别人不一样的生活，首先要做的是直面生活给予你的一切不如意，不发出任何一句抱怨。这样你才有可能踏实地改变生活，而不是在抱怨中消沉颓废，最终被困难打败。

06. 把失去看轻，剩下的最珍贵

在电影《这个杀手不太冷》中，小女孩和杀手的一段对话被影迷们津津乐道。受了委屈的小女孩问杀手："人生总是这个样子吗？还是长大了就会好？"杀手说："一直都是这个样子。"这真是一个令人悲伤的回答，似乎注定了我们的人生总会遇到灾难、困境、悲痛，似乎成长就是为了更好地迎接这些东西。

平凡的人不要跟电影中的故事较真，事实上，我们更应该注意生命里那些温暖又美好的东西。至少，我们并没有像电影里的小女孩那样被家人欺负，也并没有遭遇灭门的惨痛，更没有一个死去的爱人。我们享受着父母的爱护，享受着朋友的陪伴，经受了风雨，也享受着阳光，这就是充实而多彩的一生。当然我们不能否认，我们总是在失去。

在成长过程中，我们首先失去了童年那无忧无虑的快乐，旁人的期待降临在我们身上，我们需要把原本的游戏时间用来做功课。从前父母为我们做那么多事，如今自己要一一完成。责任越重，兴趣越少；考虑的事越多，快乐越少；复杂多了，单纯少了。平静的心情早已失去了，笑声里也带了不为人知的苦涩，也许成长就是留下的东西越来越少。

朴小姐最不喜欢听到的一句话就是：有得必有失。她认为把得失列入一个等式，是以事不关己的数学态度面对严肃的人生问题，本身就是既缺乏感情，又不够严肃。如果所有的失去都能被得到补偿，人生又怎么会有伤痛？何况，如果较真细数得失，失去的总要比得到的多，根本就无法相提并论。这也是朴小姐个人的人生经验。

　　朴小姐最难以忘怀的一件事就是大学毕业之后，她不得不和相恋四年的大学男友分手。男朋友在沿海地区找到了相当好的工作，她则回到了北方家乡，考上了当地的公务员。男朋友的专业在小城市没有什么发展，很希望朴小姐能和他一样在南方生根，但朴小姐却因为父母年老体弱，需要照顾，不得不放弃这段感情。

　　分手后很长一段时间，朴小姐闷闷不乐，她甚至不知道该怎么走出这个阴影，但她也知道自己的选择没有错：她是一个孝顺的女儿，父母一直是她的心灵支撑；她的性格不适应大都市的生活，小城市的步调才能让她怡然自得；她个性单纯，现在的工作才能让她心平气和。而对于有事业心的男朋友来说，只有大城市、大企业才意味着未来。

　　几年后，朴小姐有了新的男朋友，男友踏实、勤快、体贴，让朴小姐很满意。而在偶尔联系的同学们那里，她听说前任男友也已经有了能干又漂亮的新女友，准备结婚。朴小姐相信他们彼此都忘不了大学时代那一段纯纯的感情，也相信在未来，她和前任男友都会过着最适合自己的生活，拥有自己的幸福，并庆幸分手时的理智。

　　最初的失去来自环境的变更，等我们长大后，失去往往来自我们的选择。

为了抓住一些东西，我们就要对另一些东西放手。随着年龄的增长，我们越来越懂得如何抓住最重要的东西，也就越来越无法握住那些曾经珍惜的一切。这种结果是无奈的，也是必然的。即使明白这一点，失去带给我们的伤痛也是持久的，无法痊愈的。

对失去，我们必须要有一个清醒的认识，不能沉湎在旧日的梦中。特别是有一些人，最喜欢美化回忆，似乎回忆里一切都是好的，现实中一切都是差的。他们不断地将现实与梦幻中的过去进行比较，得出的结论永远是痛苦的。为什么要这样比较呢？为什么一定要对现实不满，却不去抓紧时间改变现实呢？不要把过去当作心灵的唯一寄托，那会带来软弱和妥协。过去固然好，也已经过去，未来更重要。

对失去，我们需要坚强的心态，相信时间会抚平一切。就像拿起一杯烫手的水，倘若拿的时间久了，真的就不会有当初那么强烈的感觉了。所有的伤痛也是如此。那么多曾经以为一辈子都忘不了的，都会被冲淡。人毕竟要向前看，向前走，不能被过去捆绑一辈子，更不能用大好青春为一段曾经买单。

只要我们稍稍调整自己的目光，就会发现现在和过去并没有本质上的不同。你依然在学习、进步、交朋友，你学的东西更多了，得到的成就更大了，交的朋友更优秀了。如果你的生活不是如此，那你需要检讨自己为什么做得不如从前，而不是一个劲怀念。怀念的意义仅仅在于，证明你过去是一个优秀的、丰富的、受人喜欢的人，你需要为未来创造更多的美好回忆，而不是止步于此，认为自己已经得到了世界上最好的东西。

每个人都必须着眼于现在。过去很好，现在难道就差吗？要知道现在的生活恰恰是你的过去堆积而成的，甚至是你曾经梦想过的，如今你就要嫌弃它吗？要看看你今天得到的东西是什么，它们给你带来了怎样的满足：当你完成一项任务面对夸奖时；当你学到一样技能想要尝试时；当你结交一位新朋友，感受对方的优秀时；当你终于能靠自己的积蓄去海外旅游时……这些都是全新的生命感觉，与过去没有可比性，它们全都值得你用心体会并珍惜。

我们需要做的是仔细走好成长的每一步，并细细体味每一程风景，而不是一步一回头，总是看着过去的小村落。回望，是偶尔的事；远望，才是真正的大事。用心生活的人既有过去，又有未来，因为他们最珍惜的就是每一个此刻，最努力的就是现在。如果你问他们什么是成长，他们会回答：成长就是留下的东西越来越少，虽然有些东西注定要失去，但要相信剩下的最珍贵。

第六辑

/

后退的理由有一百个，
前进的理由却只要一个

/

许多人整天找 100 个理由表明自己不是懦夫，
有些人却只需要一个理由来证明自己是勇士，那就是永不放弃。
是的，就算你是精美的金子，
也不是生来就闪耀的，也有被埋藏旷野、被泥沙淹没的时候。
唯有坚持，再坚持，坚持不懈地打磨和历练自己，
你才有可能有一天发出炫目耀眼的光芒，
也就有机会走向生命的卓越和伟大。

01. 绝望的时候，读读海明威

如果有人想要读几本关于人性的力量的书，海明威的作品一定会被推荐。这位美国作家文字简洁有力，最擅长塑造"硬汉"形象。他笔下的人物带着野性和感性，让人一读难忘。

你一定听说过《老人与海》的故事。

一个叫圣地亚哥的老渔夫连续 84 天没有钓到一条鱼。在渔民这个行业里，运气很重要，所有人都感叹他倒霉的现状，也都认为他再也不能钓到大鱼。但是，老人始终相信自己有能力继续钓鱼。

第 85 天，老人独自出海，并钩住了一条巨大的鱼。他筋疲力尽地与这条大鱼搏斗，终于制服了它。当他拖着这条鱼回航时，一群鲨鱼出现，抢夺他的战利品，他又费尽力气赶走这些鲨鱼。他安全回到渔村，但那条大鱼已经被鲨鱼啃得只剩下骨头。当海边的人们看到那巨大的鱼骨，重新对圣地亚哥肃然起敬，而圣地亚哥也在梦中，回味着自己的辉煌与椎心。

"一个人并不是生来要被打败的，你可以消灭他，却不能打败他"。海明威笔下的平凡人物，总是有这样的英雄气概。

每个人都会遭遇绝望的处境。在不同的成长阶段，人的心理承受能力不一样，对绝望的理解也不一样。小时候，父母不带我们去游乐园玩，就会让我们感到绝望，星期天不值得期待了，愿望根本实现不了，做什么事都闷闷不乐，就连最爱吃的菜也一口都吃不下去。说不定你当时的日记上还写着这样的话："爸爸妈妈不爱我，我太绝望了，我的人生为什么这么悲惨？"回头想想，这简直是胡闹，如果这就是"人生的悲惨现实"，人生岂不是太容易了？

　　回头想想的时候，很多让我们绝望的事其实不算什么。没错，绝望就是这样一种东西，一旦你征服了它，那曾经压在心头的山一样重的负面情绪，就会变得不值一提。你甚至奇怪它竟然能折磨你那么久，让你那么痛苦。没错，当胜利的曙光照下来的时候，一切重新欣欣向荣，所有痛苦都有了新的意义。

　　是因为比较吗？因为遇到了更深沉的绝望，所以昨日的痛苦显得太过没分量？但痛苦本身不会因为另一件痛苦而减少，它们反而容易堆积在一起，发挥双倍的作用。真正让我们敢于重新审视痛苦的，是我们拥有的强大的内心，它有着不可估量的力量，能够让你克服困境，走出阴霾，重建信心，开辟人生的新战场。它蔑视一切绝望。这种力量就是海明威的小说一再倡导的生命的力量、自尊的力量和人性的力量。

　　绝望的时候，是我们疑问最多的时候。我们开始怀疑一切，人生也好，他人也好，自己也好，所有的东西都不太可信，美好的目标是缥缈的，美好的生活是虚假的，美好的自我是硬撑的。一直以来的坚持究竟有什么意义？继续坚持下去又能有什么结果？打击已经降临，还有什么希望吗？重重怀疑让我们的心灵阴云密布。

　　疑问很快就变成否定。否定自己的能力，否定自己的目标，否定未来。

这个时候一切证据都是负面的，一切情绪都是消极的，旁人的安慰听起来像讽刺，想要振作却找不到目标，而且不可自制地认为即使振作也会遭遇失败。人在低谷里行走，走向更低的地方，回避一切耀眼的事物，觉得身边充满了讽刺和嘲笑。

因为不甘心，因为失落，因为功亏一篑的挫败感，所以不断责备自己，甚至追究每一个细节，一次次质问自己为什么这么不小心。想要干脆忘记，但转眼间又开始想"如果那时候我……"来让自己更郁闷。自己系了死结打不开，同时拒绝别人帮忙打开，宁可自怨自艾也不想让旁人看到自己丢人的一面，越陷越深，无力解除这种困扰。

这就是绝望，它让你体会到人生的另一面：并不是只有顺利和幸福，还有困境和噩运。而且每个人都不可避免地要经历它，也不要妄想一时半刻就征服它。你以为自己忘记它，它却像个幽灵一样不知何时就出现。更有人因为它开始自闭，开始颓废，开始抑郁，甚至走上轻生的道路，认为世间已不值得留恋，不如一死了之。

不论何时出现这种情绪，你都要提醒自己振作，你必须有强大的内心才能面对未来。尽量读一些有力量的书籍，接触那些坚强的人，让旁人骂醒你，千万不可以消沉。失望也好，绝望也好，你要会调节自己的心情，不能长久地徘徊在失败的阴霾中，你需要一股狠劲，尽快走出来，不然就只能深陷在绝望的泥沼中，越发难以脱身。

要立志做个强大的人，让心灵在苦难的磨砺下愈发坚硬。不论绝望的原因是什么，它不是人生的全部。我们的人生在前方，在高处，不能因为一时的泥沼就深陷。绝望的情绪难以克制，我们可以寻找新的事物、新的情绪、新的开始，让自己忙起来，动起来，让绝望跟不上自己的速度。强大的人并非不知道绝望，而是深知如何战胜绝望。

　　人生不易，你要学会培养并享受自己的强大。当你不断告诫自己坚持下去，当你跨过又一道艰难的门槛，当你在跌倒的地方重新站起来，你都会感到体内有新的生命力在喷薄欲出，激励你去做更多的事。这种美好的感觉才是你应该随时保持的。绝望的时候，想想自己尚未实现的愿望，想想过去的光荣，想想自己的努力，再想想过去的自己曾经战胜了什么。海明威还有一句名言值得每个人铭记：世界美好，值得我们为之奋斗！

02. 在成功之前，你要面临一连串的失败

童年时代我们最羡慕什么样的人？我们羡慕能打败一切坏蛋的超人，羡慕有万能口袋和奇妙工具的哆啦A梦，羡慕所有无比聪明、不怕任何困难的动画人物。在小小年纪，我们就开始希望困难能简简单单地被克服，人生永远没有失败。

童话毕竟是童话，学会如何靠自己的头脑和双手解决问题才是成长的开始。

我们面对过各种各样的困难：走路的时候一个劲摔跤，写作业的时候总是拼错拼音，长跑测试总是不及格，常常和朋友吵架，解不出更难的数学题，暗恋隔壁班的某某，不知该报考哪所学校……我们的成长史就是一部困难史，没有人代替我们走路、读拼音、考试、交朋友、恋爱、就业，只能自己一步步来。解决了问题的人就是成功而优秀的，解决不了的人一样会长大，但他们会远远落在后面，品尝着人生的落寞和苦涩。

为什么同样的过程，有的人成功，有的人失败？其实每个人在成功之前，都要面临一连串的失败，能够成功的人都是抗打击的反击者，而失败者则是打不还手，或者还几下手就再也不敢继续作战。倘若这样两种截然不同的人

163

有同样的结局，那才叫上天不公。幸好在绝大多数情况下，天道酬勤，不放弃的人总能品尝到丰硕的果实。

　　笑笑曾认为，世界上再也不会有人学英语比她更困难，每当想到她与英语缠斗的岁月，她就觉得不堪回首，同时也想为自己喝彩。有时遇到困难，她还会拿这一段经历勉励自己说："连英语你都学得好，这点困难算什么！"

　　笑笑小学时候对英语不太认真，底子打得不好，再加上她为人害羞，总是不敢开口，口语更是一塌糊涂。初中时，她就已经注意到英语成绩在拉她的后腿，开始大伤脑筋。可是，有些人学语法背单词只需要几分钟，她背一个单词却需要一遍一遍，几十遍几百遍仍然记不清。笑笑学其他科目从来不用费这么大的劲，她想，她是单纯地和英语犯冲吧。

　　好不容易到了高中，笑笑的英语更差了。她每天都在苦记单词，做一套又一套的英语卷子，成效虽然有一些，但离她想要的目标实在太遥远。笑笑不服输，索性拿起一本英语词典开始逐条背诵，早起晚睡全在和单词较劲。即使这么用功，笑笑的英语成绩仍然只达到中等水平。对此，笑笑有一种笑不出来的感觉。

　　到了大学后，笑笑以为自己终于可以和英语说"拜拜"了，不想她的专业就业最好的那批前辈都是靠着英语好进了外企。笑笑长叹一声，再一次拿起了英语词典。这一次，她听从老师的建议，开始在口语上下功夫，还和一个英国留学生约好一个教中文一个陪练英语口语。笑笑每天都要看各种英语影片，看的时候就不断地重复里边的台词。

　　经过不懈的努力，毕业那年，笑笑已经可以说一口流利的英语。虽然在面试过程中，她仍然因紧张而有些结巴，但几次和不同面试官交谈下来，她逐渐找到了信心，终于在一家不错的外企找到了工作。回想起她十几年的奋斗经历，她只想对自己说："你真是好样的！"

锲而舍之，朽木不折；锲而不舍，金石可镂。锲而不舍是优秀者必备的素质。优秀者为什么能够站在前沿？因为他们从不放弃前进的脚步。当别人休息、打蔫、犹豫、后退的时候，他们一如既往地坚持着自己的步伐。在他们的字典上，有"失败"，但没有"放弃"。他们及早明白了锲而不舍的重要，也就比别人坚持得更久，得到的更多。

锲而不舍的人才能更好地生存。如果我们看过《侏罗纪公园》一类的电影，对史前世界有一定的了解，会更理解生存的意义。有些动物曾经辉煌过，却消失了；有些动物却一直生存到现在，它们用任何能想到的方法适应环境，才得以存活。人生何尝不是如此？如果不能尝试再尝试，努力再努力，成功从何而来？伴随着你的唯有失败。

锲而不舍，你的一切梦想都有可能成为现实。有人对成功者做过调查，发现一个有趣的现象：一次成功会带来一连串的成功。成功者一旦打开了局面，就会顺着这个势头继续下去，带动各方面的成功，似乎成功也成了习惯。相对地，失败者也是如此。在一个方面一直失败会让他们一蹶不振，于是恋爱、生活、学业，各方面都会跟着走下坡路，根本没有出现"失之东隅，收之桑榆"的情况，完全成了一个彻底的失败者。可见，想要成功必须坚定不移地打开一个好局面，好的开始是成功的一半。

如果你放弃你的目标，谁的帮助都没用。有时候不是环境不让我们成功，而是在好的机遇、愿意协助的贵人来临之前，我们已经自动弃权。我们看不到希望，于是想要另寻目标。机遇没看到我们，只好降临到别人身上。当我们想放弃的时候，身边总有人劝导"再坚持一下"，可是我们坚持不住了，太苦了，太累了，太烦了，太无聊了，太让人沮丧了，太不值得了，太××了。我们有无数个理由放弃自己的梦想，旁人还能说什么呢？他们还有自己的事要忙，没有时间找同样多的反对理由说服我们。

放弃，是自己对自己的否定。失败者总说自己能力不够，但所谓的成功并不是做好一件和你能力相当的事，而恰恰是做一件高出你能力的冒险的事，必然会有困难和挫折。坚持下去的人不但达到了自己的目标，还提高了自己的能力。而失败的你，忙了半天，收获的只有沮丧和对自己的失望。这绝对不是一个拥有青春的人该有的状态。不管面对什么样的困难，都要再坚持一下，不到最后一刻不能放弃。唯有如此，即使你失败了，你也拥有了无可比拟的经验，并在这种坚持中培养了坚韧的品性，它最终将会引导你步入成功。

03. 高速公路为什么不是直的

　　在高速公路乘车的人早就发现，每一条公路都不是直的，它们保持着某种弧度和曲度，有时还会有几个大转弯。两点之间直线最短，谁都明白这个道理，为什么高速公路的设计者却要把路设计得如此曲折，让司机走更多的行程？

　　有过开车经验的人却不难理解。这是因为高速公路是长途运输的主干通道，在上面开车的司机需要几个小时、十几个小时不停地维持着车的运行。如果长时间机械地盯着一个方向，持续一个动作，司机很容易疲劳，犯困，一个不小心就会睡过去。而车子不论继续前进，还是突然停下，都有可能造成交通事故。而设计成弯曲的道路可以让司机随时注意路面变化，转弯时还会有身体上的动作，保证了司机能够随时提高注意力。

　　所以，你看到城市的路面都是笔直的，因为有红绿灯随时让司机警醒；而郊外的高速公路却是弯曲的。如果你继续观察，就会发现每隔一小段距离，公路上就会有醒目的路标。你以为这仅仅是在提醒司机走到哪儿了吗？这同样是为了防止司机出现视觉疲劳。

　　生活中的常识一旦引申，就可以成为人生哲理。

相信不止一个人有这样的疑问：为什么人生有这么多的不如意？如果真有一个造物主，他爱护世人，不是应该让每个人顺顺利利、心想事成吗？为什么现实生活恰恰相反？如果没有造物主，至少每个怀有良好愿望的人一直都在努力，为什么还要受到那么多打击，仍逃不过失败的命运？命运的本质难道就是受苦受难？没有人能回答这些问题，但有一点是肯定的：人生在世不称意，受苦受难是一定的。

　　是什么决定了我们的苦难？生存。因为生存有压力，我们才有烦恼；因为生存的需要，我们才要与他人竞争，而竞争又带来摩擦和矛盾；因为人生是漫长的，我们必然经历生老病死，所以痛苦；因为我们是社会人，总要和他人接触，难免要受爱恨情仇的折磨；因为我们的目标超过了我们的生活，所以会遇到种种挫折。

　　有没有一帆风顺的人呢？当然有。我们可以看到一些家庭好、家教好的孩子，他们的人生常常没有太大的差错，顺利地成长，不错的学历和工作，门当户对的伴侣，少有挫折的人生。但我们同时也要看到，这种家庭的孩子也有经受不起挫折的一面，他们的人生一旦出问题就是大问题。富不过三代，古今中外这样的例子不胜枚举。由此看来，苦难虽然不受欢迎，却切切实实让我们得到了一些能力和素质，让我们能够更好地承受打击，有更强的适应性。

　　教武术的拳师有一条名言：想学打架先学挨打。任何教科书都是理论机械的，都比不过拳打脚踢中，你迅速开动脑筋思索如何躲避、如何反击。谁能指望一套教材就成为高手？类似的还有"下了水才能学会游泳"、"不摔几个跟头学不会走路"、"光看书学不会做题"。苦难是考验，因苦难而来的付出，都是交给命运的学费。在苦难面前每个人都是平等的，能不能变聪明、变优秀，要看你的悟性。

如果人生没有苦难，会是什么样子？你不能想象没有苦难的人生，就像你不能想象没有对手的比赛、没有评分的考试、没有高山的土地、没有风雨的天空。一旦人生变成一条平坦的道路，你只需要走上去一直走就能到达目标，你会发现自己并不欣喜若狂，而是认为缺乏刺激、缺乏挑战、没有任何新鲜感，你甚至会想到放弃这条阳关道，找一座独木桥走走。

聪明的人懂得如何吃苦。他们面对考验不会怨天尤人，而将之视作人生的常态。看一看身边的人，不论远近，不论年代，谁的人生没有苦难？自己所受的那部分还称不上苦难深重呢。对苦难有客观的认识，才能在吃苦的过程中寻找甜味。也许是经验教训，也许是苦中作乐，也许是意外的收获，也许是苦尽甘来。要相信苦难有其独特的价值，就算是一块苦到家的黄连，还能治病呢。

更聪明的人会自己找苦吃。我们也曾看到不少人生顺利的人主动要求吃苦。例如去边远山区支教，去基层锻炼，去乡下体验生活，他们并不是在寻找另类人生，而是想要了解他人的生活，磨炼自己的意志力。他们会亲自动手做那些不容易的事，在失败中总结经验，思索误区，得到启迪。在他们看来，成功和失败都是尝试，苦难是必备的试炼，接受的越多，人就越有经验，抗打击能力就会越强。这样的人不是自讨苦吃，而是有坚定的人生目标。

面对苦难，吐苦水是最没用也是最讨人厌的做法。适当的倾诉是有效的，可以帮你释放一些压力，但无止境的倾诉就是将自己变作苦水缸，将别人当作垃圾桶。苦难不是让你沉溺，是让你锻炼自己，学着思考、动手、解决的。如果你误以为有困难就是上天和你作对，干脆耍脾气不干了，要损失的是谁呢？我们接受苦难已经是被动之举，再不主动征服它，就真的会变成它的战俘，再也提不起勇气，迎接我们的将是更重大的灾难。

高速公路为什么不是直的？人生为什么不是一帆风顺的？为了让你警觉，让你顽强，让你不在安逸中变得麻木。没有人喜欢苦难，但正是因为昨日的苦难，我们才拥有坚强的品质，我们才有信心应对更多难题。所以，我们都应该学着感激苦难。苦难让我们成长，让我们成熟，让我们成为理想的自己，让我们拥有百折不回的意志。

04. 每个人都是在失败中成长起来的

　　不论我们如何强调坚强的品性，强调面对失败一定要爬起来、不放弃，仍然不能改变一些失败者屡战屡败的事实。而失败者远比成功者多得多，同样是我们不得不面对的真实人生。任何成功者、失败者都曾在某个时期面对同样类型的失败，后者克服失败的决心未必比前者差，那么究竟出了什么偏差，导致最后的结果天差地别？

　　在失败面前，有一部分人最先倒下，他们再也不敢走相同的路，因为害怕相同的打击，宁可另择道路，或者原地生根，这些人不在我们的讨论范围。有些人在失败面前一而再再而三地用老方法尝试，坚信"精诚所至，金石为开"。但在旁人看来，他们只是在同一块石头前绊倒了第二次、第三次、第四次，还会继续摔下去。还有些人被石头绊倒后学着绕过石头，学着踩着石头，或者干脆找工具砸碎石头。他们彻底粉碎了困难，得到了前进的权利。可见，面对困难，你需要的不只是意志，更重要的是智慧，否则你就是一个顽强的失败者。

　　胡校长对今年招进来的教师很满意，他们都是师范学院刚毕业的学生。

经过严格的笔试和面试，他们都是佼佼者，既有出色的专业成绩，又有教学热情和责任心。其中，两个数学教师小武和小潘最引人注目，她们教的六个班级数学成绩尤其好，竟然超过了老教师授课的其他班级，胡校长认定这两个人都是未来的优秀苗子。

但第二学期的成绩却让胡校长意外。小武所教的三个班，数学成绩依然领先，小潘的那三个班，却已经落在了老教师的后面。到了第三个学期的期中考试，情况依然如此。胡校长知道小潘是个自我要求严格的老师，那么为什么会出现这种情况呢？是学生的问题吗？不可能，在平行分班的情况下，学生素质都差不多。到底是什么问题呢？

胡校长决定仔细观察一番，帮小潘找找问题。他一连去小武和小潘的班级听了好几次课，发现这两个人的教学方法虽然不同，却难分高下，都受到学生的欢迎，也让学生们更喜欢数学这门并不简单的学科。终于有一天，胡校长发现了小潘落后的原因。

在胡校长的学校，主要科目每周都要由任课教师安排小考，以方便老师和学生随时发现问题。而每次小考后，小武一定要用接近一堂课的时间详细讲解学生弄错的问题，即使一些简单错误也不放过；而小潘只是讲讲最主要的错误，其余的让学生们自行改正。所以，小武班的学生们的底子打得更牢。

胡校长马上将这个发现反馈给正在为成绩着急的小潘。小潘立即改进了教学方法，开始注意帮学生总结错误，监督学生改正。期末考试，小潘教的班级的数学成绩果然明显回升。

成功者的思维才能引导成功，失败者的思维只会带来另一次失败。用几个简单的问题测试一下你的思维类型：你不知道失败的具体原因，你认为外界环境导致了你的不顺利，你认为任何人处于你的位置都会失败，你觉得你的运气不太好，你认为一件事只要做得多就一定能做好，你不认为自己有错……以上问题有三个以上答"是"，失败正在等待你。

上面的故事中，小潘无疑是个幸运者，有人愿意帮她寻找问题，并找到了落后的原因。现实生活中，你身边未必有这样一位细心的伯乐，倒是有不少喜欢指手画脚的人，说你这个不对那个不对。你听得多了也就不当一回事，一心按照自己的做法行事。但自我的眼界终究是有限的，很难察觉到自身潜在的缺点，这也就埋下了失败的种子。

有些失败是经验上的，有些失败是个性上的。失败的原因多种多样，不知为何，人们总喜欢笼统地将之总结为"方法不对"、"不够努力"、"运气太差"，这简直是废话。可悲的是，处在失败者地位的我们也常常用这些话安慰自己，却不去问问方法哪里不对、努力如何不够、运气为什么差。人们在面对失败时最先想到的是给自己找个台阶，而不是承认并寻找原因，这也是他们始终在失败、从未有成功的一大原因。

失败没有借口。就算你有感天动地的苦衷，也不能改变你的失败境地，你也不会因此成为成功者，最多成为人们口中的可怜虫。你对失败的态度，你改正错误的方法，直接决定了你能战胜失败或是继续失败。不要在意别人的目光，也不要把几次失败当成天塌下来似的大事，你只需要做好以下两件事。

检讨自己的错误。每次失败之后，不要忙着重新开始，你最需要做的是寻找错误的原因。你失败，必然有同期的成功者，看看他们是怎么做的，你们的差距究竟在哪里。必要的时候，你可以亲自向对方请教。你还可以请教更有经验的人，让他们当评判者，给你有益的提示。千万不要只找到一些大面上的原因，失败的原因常常是细节上的，不容易注意的。找到这些缺陷，是你反败为胜的关键。

　　思考改正的办法。找到问题不等于解决问题，你需要大量的思考。不要着急地重新开始，没有想好就去做事，等待你的依然是失败。更不要仅仅看到这一次失败，想想根源问题是什么，如何从根本上解决，这样的思考虽然费时间，这样的改变也让你大费力气，但效果是显著的。你不再重复这个错误，甚至连同类错误也一并克服。

　　另外，成功的秘诀还在于找准关键。那些失败者之所以一再失败，原因就在于他们一再错过关键点，在无关紧要的地方大费周章。不论做什么事，我们都要抓重点，将力气用在最重要的那一点，其余的麻烦都能迎刃而解。我们一次次失败，正是为了找准这个地方，然后一举将它解决掉。

　　人生路上的障碍物，都应该靠尝试、思考、改进来解决。一句话，找准道路再行走，摸到石头再过河。

05. 对不起，我曾经让你失望

爱情，世界上最美好的字眼儿之一，所有人都曾对它产生最美丽的幻想，谁都曾经在心里不断勾勒未来另一半的模样。爱情的结果应该是婚姻，婚姻是一辈子的大事；爱情的结晶是下一代，子女也是生活的重心。一见钟情也好，相濡以沫也好，爱的形式多种多样，爱的感觉各有不同，人生也并不只有一段爱情，但爱情本身占据着我们的心灵和生活，有的时候就像个统治者，让我们认为爱是人生的一切。

每个人都有这样一段难以忘怀的感情，但也许就是因为爱得太深，要求得太多，太想要一个结果，太固执地证明自己，才让这份感情很少得到童话般的美好结局。当美丽的故事被匆忙地画上句点，那种打击不亚于任何一种灾难。爱情能让人容光焕发、积极进取，也能让人如凋零的枯叶，在消沉的情绪中一蹶不振。

谁能在爱情离去时安然无恙？爱情是最坚强的人的软肋，轻轻一击就能让他驯服。一旦遭遇致命一击，他只能强打精神忍耐这种刻骨的疼痛。即使勉强振作，身边的人也能看出他是装的，情伤难愈，多少人久久不能从一段感情中抽身。及时止损，说起来容易做起来难，难如登天。所以，爱情上的打击，也是人生必须面对的一大难题。

　　大三结束那年，依依和男友分手，男友选择了另一个女同学。对此，依依哭过，大闹过，用难听的话指责过，哀求过，却换不回男友的心。随着毕业临近，面对找工作的沉重压力，一直消沉的依依才勉强打起精神四处奔波。工作后贪黑起早，在忙碌中，被背叛、被伤害的感觉逐渐变淡，依依终于也能理智地重新审视那一段感情。

　　依依的男友是个温和的人，而娇娇女依依却从小被父母溺爱着，大小姐脾气严重，稍微有不满意就讽刺人，也不会体贴他人。她并非不关心男友，但她的关心总是表面的、浅显的，很难真正打动人。特别是在两个人吵架的时候，永远都是男友先让一步。如果依依有什么要求，男友却不同意，她就会大发雷霆。这些事，男友一直在包容。

　　也许就是因为男友太包容，依依才没有任何危机感，也从来不要求自己，即使宿舍的姐妹们提醒她温柔点，她也不以为意。直到有一天男友提出了分手，依依还是没明白自己到底做错了什么。而男友的新女友是个没有她优秀、没有她漂亮，个性却温柔的女孩。后来依依想，也许跟自己在一起，男友实在太累，才会选择这样的女孩吧。

　　如今的依依仍然单身，身边不乏追求者，但依依决定再过两年才考虑恋爱，先以事业为主。她不再是那个有事就发脾气的女孩，在工作场合，她是稳重的、宽容的，有极好的人缘。她认为是那次分手让她开始思考自身的不足，开始改变长久以来的性格，塑造新的形象。她相信如果没有那样一次刻骨铭心的惨痛教训，她依然会我行我素，根本学不会珍惜身边的人。不知何时，她已经原谅了男友的背叛，她想是自己让他太过失望，才造成了这种难以避免的结果。而这次教训会始终提醒她，不论何时，太过自我的人都留不住最想要的东西。

　　在爱情来临的时候，我们相信自己在对的时间遇到了对的人，认为付出多少都值得，但感情却不能永远炽热。相爱简单相处难，接踵而来的矛盾、误解、争吵，让人身心俱疲；即使相处顺利，也可能遇到外界的压力，导致劳燕分飞；即使有幸平顺和乐，也有七年之痒，相互厌倦；即使进了结婚殿堂，也可能遭遇他人的破坏……每一段感情的结束都有各自的原因，但伤痛和不舍是相同的，所有人都在面对。

　　歌德写过一本《少年维特的烦恼》，主人公维特得不到他心爱的绿蒂的爱情，选择自杀。在当今时代，仍然有人选择这种极端的方式结束自己痛苦的相思。我们不能指摘健全的人的个人选择，但难免惋惜：人生才刚刚开始，你又如何确定，她是你这辈子唯一爱的人。如果她真的是你注定的爱人，又怎么会属于别人？

　　每一次打击，每一次失落，都是一个自我完善的机会，爱情也是如此。如果一段感情只让你学会了哭泣、自怨自艾、伤害，只让你感觉疲惫、难堪、无能为力，它并不是理想的感情。放弃它，你才能重新认识生命。如果一段感情让你变得更温柔、宽容、坚强，有了新的爱好、技能、朋友，那么即使你们分开了，这段爱情也是值得无限回味的。它让你得到了这么多东西，对于离去的人，对于感情本身，除了祝福，你找不到别的选择。

　　善待自己的人才能拥有真正的爱情。不要为离你而去的人耗费太多泪水，也不要轻易遗忘你曾经伤害过别人。你需要的是在一段关系中学习如何与人相爱，如何与他人温柔相待。下一次爱情来临的时候，你应该是一个成熟而优秀的爱人，这样的人才能真正拥有完美的婚姻。而当你真正懂事的时候，对那些你曾经伤害过的人说一句"对不起"，他们未必会原谅你，但他们一定会觉得欣慰。

关于爱情，关于离别，我们都该读读这样一个故事：传说天神造人的时候，最初的人有两个面孔、四只手臂、四条腿，是可以和神媲美的完美存在。神害怕这种人会危害自己，就将他们劈为两半，变成男人和女人。从此，为了重新恢复完美，每个人都在尘世间寻找自己的另一半。要相信，那些令我们受伤、遗憾的感情一定是不完美的，我们之所以告别旧的爱人，就是为了学会爱，懂得爱，去寻找自己真正的另一半。

06. 那一次痛彻心扉的意外

15 岁的时候，正在外地旅游的小莉接到一个噩耗：家里的狗喇叭去世了。

喇叭是爸爸和妈妈结婚那年买的金毛狗，第二年年底小莉出生后，就一直陪伴在小主人身边。家里的相簿上，小莉的每一个成长阶段都有喇叭的身影。他们一起洗澡，一起睡觉。不需要牵引绳，喇叭就会跟在小莉后面。即使爸爸妈妈不在家，小莉也从不害怕，因为喇叭不但会和小莉玩耍，还会机警地听着门外每一个可疑的动静。

小莉上学后，喇叭每天早晨依依不舍地送小主人到门口，有时候还会藏起小莉的鞋，表示不希望她出门；一到放学时间，喇叭就会在大门旁绕圈子，眼巴巴地等待小莉回家，听到熟悉的脚步声，它就欢快地大声叫起来，等门一开扑到小莉身上又蹭又舔。同学们都很羡慕小莉有这样一个小伙伴，小莉也把喇叭当成最重要的家人之一。

如今喇叭不在了，小莉散步的时候还会忍不住地叫："喇叭！"但她再也看不见那只大狗摇着尾巴跑过来，睡觉的时候，脚边也再也没有熟悉的触感。有时候小莉会看着喇叭用过的食盆和项圈发呆。妈妈见她太伤心，提议再买一只小狗，小莉说什么也不同意。整整一个学期，小莉都在消沉中度过，她不知道什么事能让她开心起来……

　　每个人的人生中都有这样的时刻：前一刻还在阳光下散步，悠闲地听着音乐，思考着周末的聚会，下一秒，电闪雷鸣，大雨倾盆，整个世界都不再是往常的样子，思维停滞了，身体僵硬了，无论如何也不相信自己听到的消息，一再骗自己说不是真的。每个人都会经历这样惨痛的意外，也许是亲人的离世，也许是爱人的告别，也许是事业的重创……事实残忍地告诉你：你失去了最重要的东西，而且再也不可能挽回。

　　我们时常鼓励自己要坚强，因为一切都会好的，雨天会变成晴天，逆境会变成顺境，敌人会变成朋友。我们相信否极泰来，相信柳暗花明又一村，相信只要努力就能让局面向好的方向发展。但是，有一种意外就算我们努力也于事无补，就算我们尽心竭力也不能改变结果，它只会给你冰凉凉的既定事实，随你接受或者逃避。所以人们才说，命运是残酷的。

　　很多人在巨大的打击后性情大变，在他们身上完全找不到以前的样子。有人由温柔变得暴躁易怒，有人由活泼变得敏感忧郁，有人由果敢变得唯唯诺诺，这种改变是巨大的也是负面的，它似乎一再向人们强调，在这个人身上发生过多么残酷的事。但人们的同情不能带给这个人安慰，人们的鼓励不能让他振作，因为不幸而改变了自己良好的天性不啻为自我毁灭的一种。最后人们会带着叹息说起这个人，但不会再有钦佩。

　　很多人在失意之后认为人生了无生趣。还有一些人突然变得虚无又厌世，做和不做一个样，成功与失败一个样，喜欢和不喜欢一个样。他们对什么都没有兴趣，即使是曾经喜欢的事物。其实，世界这么大，人生才走了一小段，还有那么多的风景没有看过，那么多的乐趣没有尝试，现在就消沉未免太早了点。但他们不愿意听这样的道理，他们已经被过度的伤痛击垮，被过量的悲伤侵蚀，只剩下一具躯壳还在行走。这样的人生，还有什么意义？

没有不怕打击的人，却有打不垮的人。他们被称为生活的强者，与那些因打击而改变、而放弃的人截然不同，他们不甘心生命就这样走上下坡路，不愿意放弃自己既定的目标，更不相信失望意味着无望。他们会在别人都在感叹的时候第一个站起来，并不是因为心中没有悲伤，而是化悲愤为力量，想要尽可能多地弥补自己的损失。

这无疑是一种务实的生存思维，它能以最快的速度让人们转化心情，投入行动。为什么有些人在被打击后不是把自己反锁在房间里，而是拼命工作？就是因为他们想要尽快扳回一城，向世人证明自己。成功者不会长久地留恋过去的伤痛，只有那些生活不如意的人，才整天对人唠叨着过去的得与失。这样的人又怎么会有能力如意？何况谁的生活是如意的？

对那些我们不得不接受的意外，看透也是一种珍惜。得道的高僧能够看透生死，就是因为他们已经能够以平常心看待一切，任何事物都有自身运转的规律，生老病死就如自然界的花开花谢一般，该来的挡不住，该去的留不了，这才是无奈却也丰富的人生。花好月圆只是一时，留不住眼前的美景。但如果达观一点，明年依然有花有月，纵然身边的人不同，纵然心境不同，我们依然生存着。

生命本身就值得我们感激。印度诗人泰戈尔形容人生"生如夏花般绚烂"，夏花的繁盛和馥郁多么让人心驰神往，为什么要为它的一次落败久久地伤怀惋惜？明年到来的时候，它会开出更绚烂的花朵。人生也是如此，如果你放弃继续开放，你就只有一次花期。如果你愿意在打击与苦难中继续扎根发芽，你就会成为一朵开不败的花，不但丰富了自己的生命，也长久地占据着他人的视线，令人难以忘怀。

07. 从不妥协，变逆境为顺境

我们都曾听过这样的问题：你最敬佩的人是谁？你为什么敬佩他？

每个人都有自己的判断标准，回答五花八门：有人敬佩历史上的那些伟人，他们或开创了盛世，或建立了不世功勋，或改变了人类文明进程，或创造了惊人的艺术品；有人敬佩自己的长辈，他们或严厉，或温和，但总有一段传奇般的故事，给他们启迪，成为他们追赶的榜样；还有人最敬佩自己身边的某个人，这个人做了他一直做不到的事……

归纳你听到的所有答案，你会发现这些被佩服的人不论是善是恶，有名气还是没名气，都有一个共同特点：坚韧。任何伟大或平凡的成就都不是凭空而来的，任何被敬佩的人都做到了旁人早已放弃的事，他们在逆境中有一股韧劲，他们对目标从不妥协。他们如此勇敢，如此坚定，才能在他人的心灵上投下不可磨灭的烙印。

每个人都会面临逆境，有些人的逆境来得早，身体上有先天的缺陷，家庭有不和睦，童年有阴影，少年时不被重视，常常面临失败；有些人的逆境来得晚，事业受到打击，家人意外离世，突然罹患重病……后者并不一定比前者幸运，因为在一切定型之后却被摧毁，难度更大，心理压力也更沉重。

逆境似乎是人生必经的过程，没有人从来没经历过逆境。它就像一块试金石，一次次淘汰那些意志不坚定的人，选拔优秀的人继续考验。

人们对逆境的态度只有三种：逃避，无奈接受，挑战。第一种人不是没有努力过，但努力的程度不够，很快在现实面前败下阵来，他们认为梦想都是妄想，干脆"认命"。第二种人最多，他们常常带着无奈的表情诉说自己的不幸，对逆境带来的后果，他们再清楚不过，却没有任何改变行动。他们已经完全接受了现状，甚至可以苦中作乐，但所有人都知道他们在强颜欢笑。第三种人是生活的强者，不论他们经历了什么，只要还有一口气在，他们就要试着改变现状。他们的意志如同钢铁，令人肃然起敬。历史上，现实中，这类人数不胜数，例如，西汉的司马迁。

司马迁，伟大的史学家，他的著作《史记》被称为"史家之绝唱，无韵之离骚"。司马迁的人生，可以分为截然不同的两段。

前半段人生，司马迁作为西汉史官司马谈的儿子，从小就受到了良好的教育，著名学者孔安国、董仲舒都曾是他的老师。他可以饱览皇家藏书，又能聆听父亲的渊博见闻。此外，他还长时间地在外游历，考察历史传说的真伪，听民间老人们说西汉开国时期的历史。这个时候的司马迁，意气风发，立志要继承父亲写一部从黄帝到西汉的历史著作的愿望。

灾难突然来临，他因为在汉武帝面前，为投降匈奴的将军李陵说话，被汉武帝下令处以宫刑。身体上的巨大创伤让司马迁遭受了极大的痛苦，而精神上的痛苦更让他难以忍受。他成了一个废人，却必须忍辱负重地活下去。

他牢记着父亲的嘱托，开始以惊人的毅力写作《史记》。这部书"究天人之际，通古今之变，成一家之言"，是我国第一部纪传体通史，开创了很多被后代史学家津津乐道的史学写作方法。在司马迁的文字中，有盛衰，有悲欢，有人世百态，更有他在逆境中始终坚持的勇气和悲愤的流露，影响了无数后人。

逆境给人带来的最直观的影响，就是自信心的丧失。拿破仑·希尔曾对2.5万个失败人士进行分析，发现"缺乏对未来的决心"高居各项失败原因之首。而逆境中的人最容易对现实做出负面预测，把眼前的困难当成永远的困难，很多身处逆境的人把消沉刻到了骨子里。他们忘了贝多芬耳聋，却能创作出辉煌的乐曲，那些我们以为不可能的事，全都曾经成为可能，这难道不是逆境给人的启示吗？

那么逆境给人的最大礼物是什么？是最大限度激发人的潜能。都说逆境出人才，就是因为在极其不顺利的情况下，人们必须想尽一切办法寻找突破口，这时候，头脑被充分调动，周身的感觉也比平日敏锐几倍，目光不得不灵活起来，做事也再也不敢拖延，借口想找也找不到，更没有人让你依靠。当你只能靠自己的时候，你才知道原来自己什么都能做。在逆境中，你什么都敢试，什么都做得好！

要相信，人的潜能是无限的。当你认为自己天生体弱，把你放到体育学校天天锻炼，不到一年你就能精神抖擞；你可能认为自己性格中带着玩世不恭的成分，谁也改不了，把你扔进部队，你肯定能学会何谓严肃。去看看那些和医学有关的电视剧，你就明白人体有多顽强，我们的身体根本没你想的那么脆弱；去看看那些伟人的传记，你会明白人的灵魂有多坚韧，我们的意志绝对能够克服一切困难。

那些善于主宰自我命运的"老手"，十分乐于在逆境中生存，因为他们知道，环境本身虽然是无情的，但每个人都可以努力去改变环境。到了一定的时候，逆境也有可能转化为顺境，也有可能获得成功机会。而且这种机会的潜能和力量都是十分巨大的，会将他们推向一个更高的起点。

　　年轻的美国女孩莎莉·拉菲尔希望找到一份广播主持的工作。怀揣着梦想，她来到波多黎各，她多么希望自己能有好运气的陪伴。但是由于当时的美国大部分无线电台认为女性广播员无法吸引听众，所以，拉菲尔找了几家电台居然没有一家愿意雇用她的。后来，经过三番五次的努力，拉菲尔好不容易在纽约的一家电台谋求到一份差事，不久又被辞退了，辞退的理由是她跟不上时代。此后几年，虽然拉菲尔一直不停地工作，但是她同时也在不停地被辞退，甚至有的电台指责她根本就不清楚主持是什么。

　　面对这些逆境，拉菲尔并没有因此灰心丧气、自暴自弃，而是在总结了自己受挫的教训之后，又向国家广播公司电台推销她的节目构想。电台虽然勉强答应了下来，但提出要她先在政治台主持节目。由于对政治知之甚少，拉菲尔曾一度犹豫，但经过深思熟虑，她终于坚定了信心，决定去大胆地尝试。适逢 7 月 4 日国庆节来临，拉菲尔充分利用自己的长处和平易近人的作风，大谈国庆节对她有何种意义，还请观众打电话畅谈他们的感受。很多听众立刻对这个节目产生了浓厚的兴趣，莎莉也因此一举成名。

　　如今，拉菲尔已经成为美国著名的电台广播员，美国电台主持业的顶尖级大红人。在总结自己 30 年的职业生涯的经历时，拉菲尔不无感慨地说："我被人辞退 18 次，本来可能被这些挫折所吓退，做不成我想做的事情。可结果正相反，我让它们鞭策我，勇往直前地向成功迈进！"

在无数次的挫折面前，拉菲尔以坦然的心态面对，不悲伤，不哀怨，并将挫折化为了前进的动力，最终才取得了巨大的成功。所以，成功并不是偶然的，而是经过无数次挫折历练后的见证。若将人生比喻成一座大山，挫折就是人在攀登大山中难以把握、难以预期的崎岖山径，最终也会通向成功。

　　所以当逆境到来之时，不要沉浸在悲伤之中，你不妨告诉自己：这是逆境，但也是一个机会，抱着一种乐观和欢迎的心态来迎接！接下来，你还要借机改变自己，系统地分析自己的缺点，计划如何攻克难关。相信，你会获得脱胎换骨的变化，几经奋斗之后迎来"柳暗花明又一村"的顺境。

第七辑

/

悬崖上风景最美，
该冒险时，就不要胆怯

/

最美丽的花往往不会开在路边，
而是开在充满荆棘的悬崖上。
成功也并不是携着和风细雨而来的，
更多的是"山雨欲来风满楼"。
一个人要想获得成功、幸福，那么就要及时地有所行动，
用勇气代替懦弱和恐惧，用主动替换等待和退缩，
勇于面对风险。

01. 冒险，用勇气闯出未来

你敢冒险吗？这种冒险不是孩提时代的爬一棵大树，翻一道高墙，去游乐园坐最大的过山车，而是在一种稳定并有保障的状态下，打破这种稳定，去尝试另一种可能。这种行为有一定的成功可能，但更多的是不确知的风险。你敢拿你安稳的前途做赌注吗？

大多数人都想要追求一种稳步的生活，他们希望人生就是爬楼梯，只要坚持不懈地努力着，就能越走越高，没有跌倒的危险。这当然是一种务实的态度，但也有一些人偏偏不爱走安稳的楼梯间，另辟蹊径选择某座大山，或者某条荒野小道。他们首先会遇到一些亲朋好友的劝阻，但他们相信，机遇总是与风险并存，敢于冒险的人才会有更多改变未来的机会。

这个青年和很多有志气的农村青年一样，生活在大山环绕的小村子，最初只是被动地刻苦学习，直到考到县城，他才知道外面的世界是什么样子。于是，他立志要去首都读大学，要去海外留学，看更人的世界。这些事，他靠着奖学金一一做到了。当他有了足够丰厚的底子，他并不想留在大城市，恰恰相反，他决定回家乡，帮家乡发展实业。

家乡是贫瘠的山区，青年经过多方比较，引进了优良的果苗，又结合本地的特产，通过网络打出"××果的故乡"的宣传语，并提供干果、鲜果、果酒、果蜜的一条龙服务。就连干果等物品的包装，他也能别出心裁，让村里还会刺绣的姑娘们在柔软的布料上勾出精致的图样。这一系列的努力没有白费，他的生意做大了。

接下来，青年又用自己赚来的钱开了一家水果工厂，既生产传统的水果罐头，又注意结合时尚因素，搞花式水果点心。他在网上聘请国外的甜点师，吸取传统面点和国外甜食的优点，做出色香味俱全又能储存的糕点。浓郁的果香佐以奶油、起司的香甜柔滑口感，这些点心在网上带动了潮流。在家乡，老乡们不用去县里打工，就近经过严格培训进入青年的工厂，青年实现了带动乡亲们致富的愿望。如今，他一边琢磨继续扩大市场，一边准备自己开一个长途货运公司，不但解决自己工厂的送货问题，还能拓展新业务……

故事中的青年一直在冒险，走出家乡是冒险，走出国门是冒险，走回家乡更是一场令人捏一把汗的大冒险。每一次，他都放弃了某种安稳的生活，把自己的未来完全寄托在一份执念和勇气上，并付诸行动。所有事都是冒险，所有冒险都有一个完美的结果，这就是勇敢者的人生。

冒险是一种信念，它代表着改变和新生。冒险必然意味着失去，因为有得必有失，但冒险者的失去和获得并没有比例，也许他会一无所有。多数人不愿意经历这个过程，更不愿承担这种风险。冒险未必是一种值得提倡的行为，但必须看到，冒险总能带来新局面。而那些真正做出成绩的人，都在冒各种各样的风险。

冒险是竞争中必须面对的选择，你想得到的资源越多，就越需要冒险。

比如，在一位老总面前经常有这样两份提案，它们同样是在众多提案中选拔出来，经过各级领导认证，最后难以取舍，才一齐出现在办公桌上。这两份提案一份是稳步的、保守的、安全的，一份是大胆的、新鲜的、有风险的，这时候，老总必须思考究竟要不要冒险。

不要以为只有这位老总在冒险。最初提出它的那个人本身就想要以一种剑走偏锋的尝试，来取得更多的重视；而研究它的那个团队，也抱着这样的心思；那些审批并通过它的上司们，也希望这份提案为自己增加业绩，所以，和它有关的一切人都在冒险，都要担责任。但老总肯定会觉得欣慰，因为在他的公司，不只有稳健的守成者，还有这么多时刻注重创新的改革者。两种人并存，才能保证公司的健康发展。

同理，在我们每个人的脑子里，总是有两种提案，一种务求谨慎安稳，一种天马行空，不排斥一切可能。我们常常被第一种提案劝服，因为那是最可行也最快捷的成功方法；但又会被第二种提案诱惑，因为那可以带来更大的成功。想想看，如果你的一生中，没有一次提出脑中大胆的想法，一直在循规蹈矩，那是多么乏味？

一切冒险都是为了赢得竞争，除了法律上和道德上必须遵守的规则，竞争再无其他规则。守成者每天做同样的事，渐渐把蛋糕做大，冒险者知道只有破坏这种局面，才能分一杯羹。于是，那些迫切改变的人最喜欢冒险，最喜欢创新，他们往往能够后来居上。这也警示了那些走在前面的人：不要以为这么走下去你就永远在前面，你也需要冒险！

任何时候，都要当一个有勇气又有智慧的人。真正的冒险是果断和大胆，绝不是鲁莽行动。若你对自己的现状不满，想要改变生活，那么你首先要做的不是抛弃一切，而是周密地观察一切，寻找改变的机会，积累飞跃的资本，并在关键时刻奋力一搏！要记住，冒险是为了更好的未来，冒险本身并不是孤注一掷，更不是一意孤行。任何时候，你都要带着你清醒的头脑和机变的行为。

02. 越害怕什么，就越尝试什么

你想在一切事情面前稳操胜券吗？这里有一个解决方法，害怕什么你就尝试什么。

曾经有这样一个古老的寓言：

魔鬼曾向人们出售他的所有的商品，憎恨、恶念、忌妒、绝望，还有疾病等，每一个上面都标好了价钱。但在桌子的一角，有一件商品虽然看起来破旧不堪，但它的价钱却远远高出其他商品，价签上写着它的名字——胆怯。有人好奇这究竟是为什么，魔鬼回答说："使用它比其他工具要更容易，因为我可以用它打开任何一扇紧闭的大门。一旦进了门，我便可以为所欲为。"

看看那些容易胆怯的人，他们虽然非常渴望得到成功，但是怯于现实和理想之间的差距，害怕可能出现的困难和挫败，总担心自己难以达到成功，往往也就没有了拼搏的劲头，这样的人是很难获得成功的。正如一句话所说，"对于一个内心不够强大的人来说，恐惧心理似乎比危险本身可怕得多"。

扪心自问，你是否有太多的雄心壮志，却又有同样多的恐惧。你期待向心爱的人求婚，幸福地生活，却又害怕被无情地拒绝；你羡慕那些能在公共场合侃侃而谈的人，却又害怕在人前讲话；你渴望在单位做耀眼且自信的人，却又羞于表现自己……心理的障碍，如同一道坎，将你与成功隔绝开来。

哲学家苏格拉底说过："人失去了勇敢，就失去了一切。"也就是说，任何事情都看似很难，实质不难。人只有首先战胜胆怯，做到无惧无畏，从而轻视、藐视，甚至是无视过程中的艰难险阻，才会具备势不可当的征服力，将任何事情都能办好，从而拥有一切，包括辉煌的事业、成功的人生等。

一位叫弗洛姆的美国心理学家曾做过一个实验，一天他带着几个学生走进了一间伸手不见五指的神秘房间。在弗洛姆的指引下，学生们摸着黑很快地穿过了一座架在房间中间的木桥。接着，弗洛姆打开房间里的一盏灯，学生们不禁吓出了一身冷汗。这间房子的地面居然是一个很深很大的水池，池子里蠕动着各种毒蛇。有好几条毒蛇正高高地昂着头，朝他们"滋滋"地吐着信子。

"谁还敢走这座桥吗？"弗洛姆问。学生们的脸苍白苍白的，没有一个人作声，弗洛姆又打开了几盏灯，整个房间一下子变得明亮起来。这时，学生们发现原来在小木桥的下方还装着一道黑色的安全网，密密麻麻地，完全能遮住下面的毒蛇。

"谁还敢走这座桥吗？"弗洛姆再问。过了片刻，终于有两个男学生犹豫着站了出来。他们异常小心地挪动着双脚，过桥的速度比第一次慢了许多。

"桥下的毒蛇对你们造成了心理威慑，你们胆怯了，慌了手脚，所以走得那么艰难。但刚进来时你们不是走得很好吗？现在为什么不试着忘记桥下的景象，像来时一样呢？"说完，弗洛姆便目视前方，稳稳当当地过桥了……

如果你期望自己的人生有所改变，你必须从现在开始明白：恐惧来自于一个事实，我们之所以心生胆怯，举步维艰，不是没有把整个局势分析透彻，反而是因为把困难看得太清楚、分析得太透彻、考虑得太详尽。但如果你真的尝试，尽管你害怕得要命，你就会发现，这些担心没有任何必要。

　　勇敢地向心爱的人求婚，在年终酒会上主动与人搭讪，主动向领导汇报你的工作进展，甚至去换个从未尝试过的发型……这都是你克服恐惧心理的良好开端。勇于冒险，你就能比你想象的做得更多、更好。因为在勇冒风险的过程中，你会不断地向自己提出挑战，不断地挖掘潜在的能力。

　　如果你依然感到害怕，不妨再换一种思考方式，想一想可能发生的最坏情况是什么。在心里先接受最坏的结果，那么内心还有什么是不能承受的呢？

　　王淼是一家净水器生产公司的老板，平时对工作要求严格，在业界受到一致好评和认同。但是由于一次工作疏忽，公司制造出的一批净水器勉强可以使用，却没有达到客户要求的高质量，结果产品都被退了回来。王淼对自己的失败感到十分懊恼，他心里难过极了，对自己的事业也感到没有指望了。

　　无奈之下，王淼只好找到自己的大学导师哭诉。导师没有安慰王淼，而是反问道："想想，最坏的结果是什么？""最坏的结果？"王淼不解地看着导师，想了一会儿后，他回答道："最坏的结果无非是将这一批净水器拆掉，投下的30万元全打了'水漂'。"导师轻轻一笑，"最坏的结果也不过如此嘛，你还有一个温馨的家庭、一个健康的身体，你还有什么可忧虑的呢？不如静下心来，好好想想对策。"

　　接下来，王淼听从导师的建议，平静地把时间和精力用来试着改善那种最坏的情况。他做了几次试验，没想到真的找到了突破点。他发现如果再多花几千元加装一些设备，问题就可以解决了。在王淼的沉着安排下，事情终于出现了转机。这一批净水器完全达到了质量指标，结果公司不但没有损失多少资金，反而创造了一项技术专利，王淼的工作能力再一次得到了众人的肯定。

问问自己，可能发生的最坏情况是什么？告诉自己，接受这个最坏的情况。心态平和，想办法改善最坏的情况。很多时候你以为糟糕得不能再糟糕了，等冷静地仔细分析一下，就会发现原来最坏的情况也不过如此。没有什么不能接受的，你也一定会找到合适的解决办法，征服所有难题。

03. 害怕犯错是最大的错，敢去做就是好事

　　职场中的一些人认为，工作是做得越多，错得越多。干活多的人未必得到夸奖，因为他们犯错误的概率也会相应提高。而就人的本性而言，他们常常因为他人的一次错误，抹杀了所有曾经的好印象，认为眼前的人是个白痴，简直不可原谅。

　　这种习气几乎在所有工作场合蔓延，只有少数人不被影响，例如下面故事中的白先生。

　　白先生刚上班那阵子，被人叫作"小白"。他也的确是个职场小白，总是笨手笨脚地闹出笑话，连复印机和碎纸机都不会用，后来还曾经粉碎过一份重要文件，惹上司大发雷霆，恨不得当即打个报告解雇了他。有一次小白主动给同事端茶，却把同事的胳膊烫了一片红。这些事现在还有人不断提起来笑话他，尽管小白已经成了"白主任"。

　　白先生有自己的职场心得。他不是一个特别聪明的人，但在农村长大的他从小便勤快，一件事做不好，他就多做几次，直到做好为止。刚进公司的时候，新人们都争抢着表现，想要给人留下好印象，就连扫地、端茶、送文

件这种事都有人抢着做。但不出一个月，新人们都懒得再做额外的工作，每天只希望赶快下班，只有白先生还在做这些，还经常出错被人笑话。对此，白先生也不介意，大不了多做几次。

但和他同期的新人却不太满意，有些人甚至在背后讽刺他这么抢活干，是为了引起老板的注意；也有一些公司老人语重心长地告诉他"做多错多"；还有人话里话外地说他做再多也没用。白先生心大，并不把这些议论当一回事。他更希望知道怎样才能减少错误率。

直到两年后，总在跑腿的白先生才引起了老板的注意，白先生的勤恳让他成了公司的重点培养对象。他依然每天忙得不可开交，依然免不了犯错，但老板对他的耐心越来越足，上司们也渐渐离不开这个勤快的下属。他们都清楚把任务交给白先生，虽然会出现一点小麻烦，但结果总不会差。又过两年，白先生已经在公司有了自己的位置和威望，远远超过了和他同期的那一批同事。上司们经常拿他做例子，教育新来的人不要怕犯错，一定要努力做事。

你不必担心做错事，学习阶段谁没有过错误？想想你刚接触陌生科目的时候，那惨不忍睹的满卷子的红叉吧，人都是经过不断学习才能得到好成绩，你做得越多，经验就越多，犯错的可能就越少。一直在犯错，说明你做事的范围一直在扩大。当然，也不排除你是个不会总结经验的人，在同一块石头上绊倒了一次、两次、三次……如果你一直被绊倒却不吸取经验，等待你的是解聘，因为你实在蠢得不可救药，任何勤劳都弥补不了。

没有上司会因为下属的努力而放弃下属，相反，他们最欣赏的就是那些认真肯干的人，即使他们有时会惹下一堆麻烦，但总体上，他们的素质不断地提高，他们不会像其他人那样只找清闲的活儿，总想着给自己放个假。何况，你越是做事，你出现在上司面前的概率就越高，他们都经过新人阶段，他们也都曾是宁可犯错也要不断做事的人，所以，他们最了解你的价值。而他们现在的地位，正代表了你的未来。

04. 做第一个"吃螃蟹"的人

　　人人渴望机遇，人人梦想成功，但是世界上的成功人士永远只占极少数。是什么阻碍了我们迈向成功人生的脚步呢？从很大程度来说，是因为我们内心孱弱，勇气不足，不敢做别人没做过的事情。

　　传说，很久之前螃蟹堪称可怕的动物，它双钳开路、丑陋凶横，无人敢去碰它，遇见了只会躲着走，更没人想过去吃它。可偏偏有一个人不但捉住了螃蟹，还大着胆子吃了它的肉，而且发现它的肉极其鲜美，并告诉了大家。于是被人畏的螃蟹一下成了家喻户晓的美食，一直延续至今。这个人也被我们尊称为"第一个吃螃蟹的人"。

　　你觉得第一个吃螃蟹的人怎么样？你会如何评价他呢？相信很多人会给出这样的回答："他很勇敢"、"他胆子很大"、"他是一个英雄"……
　　的确，第一个吃螃蟹的人是需要莫大勇气的，鲁迅先生就曾称赞道："第一个吃螃蟹的人是很值得佩服的，若不是勇士谁敢去吃呢？"鲁迅还说过："世上本无路的，走过的人多了，也就有了道路。"

第一个吃螃蟹的人绝对是拥有"悍马"心理的人，那种大胆探索新东西，敢为天下先，甘做先锋者的勇气和魄力就是最好的证明。而且，凭借着这份勇气，他们能够战胜困难，鼓足劲头，成为一个新时代需要的人。

1993 年，李荣良到深圳出差，他看到商店门口都挂着大大小小的遮阳棚，非常整洁。想到漳州市政府部门对市容市貌的建设已经比较重视了，而整个漳州市还没有遮阳棚，李荣良觉得这是个不错的商机，于是决定投资遮阳棚生意。

"没听说咱们这儿有做遮阳棚的，你还是慎重选择为好。"家人朋友纷纷劝说。但是李荣良说："那就让我来做第一个。"他借了 2000 元钱，做起了遮阳棚。结果，遮阳棚合时宜又抢得了市场先机，县城建部门都愿意从李荣良那儿订货，甚至主动替他联系和推展业务。仅一年，遮阳棚生意便在漳州市火了起来。

做了几年以后，漳州市开始有一些仿效者，遮阳棚的利润降了下来。李荣良原想把眼光放在开发遮阳新品种上面，但考虑到这种产品的市场潜力并不是很大，他开始找另外的创业机会——投资榕树盆景。

榕树盆景？树怎么能栽到盆里呢？对于漳浦县人来说，这可是一个比较新鲜的词，但是李荣良却认为房地产的开发必会引起室内盆景的热销，而榕树具有四季常青、净化空气、寓意吉祥、管理粗放等优势，必将大受欢迎，于是他倾尽全力建设 400 亩基地，全部种上了榕树，结果三年后赚到了百万元丰厚的利润。

无独有偶，享誉世界的时尚大师皮尔·卡丹也是第一个敢吃螃蟹的人。

1979 年，皮尔·卡丹以旅游的名义来中国推销自己的服装，他是第一位访问中国的欧洲时装专家。要知道，那时候刚刚改革开放的中国，最流行的服装是中山装和军装，颜色也只以蓝色和绿色为主。

当时有朋友惊诧地问皮尔·卡丹："你疯了吗？你去中国干什么？"但皮尔·卡丹预见到中国一定会变化，他在北京民族文化宫举办了中国第一次模特服装表演。跳跃晃眼的颜色，性感灵动的女模特，在北京城引起了极大的轰动，《中国青年报》更是发起了一场关于什么是美的讨论。1981 年 11 月，"皮尔·卡丹"品牌时装正式进入中国市场，这是最早进入中国市场的国际品牌，从此西方人印象中的中国服装不再是清一色军装。

1983 年，皮尔·卡丹又在北京开设了中国第一家"马克西姆"餐厅，这是中国第一家中外合资的餐厅，也是第一家西餐店。当时，西方媒体普遍认为这位法国老头疯了，因为在月收入只有几十元人民币的国家，高级法国餐厅的出现无异于商业上的自杀。但事实证明，"马克西姆"餐厅生意相当不错，各界中外名流时常光顾，甚至成为那个年代中一处中西文化交流的据点。

在新旧摩擦的时刻，无论是颜色鲜艳、样式多样的时装，还是高级的法国餐厅"马克西姆"，对于中国人来说都是新事物。皮尔·卡丹正是通过第一个"吃螃蟹"，改变了中国人的观念，在中国成功建立了自己的商业王国。

的确，商业社会有个共同现象，这就是一有赚钱处，人们便趋之若鹜；一有热门货，人们便一拥而上。例如，一有股市，便涌现大批股民，掀起炒股热，炒得沸反盈天；一有手机，一下子便有满街手机店……

而那些内心强大的人不会人云亦云，而是敢于尝试接触新事物，勇于争做第一个"吃螃蟹"的人。正因为此，第一批卖电脑的人、第一批卖 VCD 的人、第一批卖手机的人、第一批卖饮水机的人都赚到盆满钵满了……

你为什么不成功？扪心自问一下，你的内心够强大吗？面对一个新生事物，你的态度是怀疑，是犹豫，还是观望？你愿意去了解它吗？你敢于做新鲜事物的先锋者吗？别人没做过某件事时你敢去尝试吗？

05. 机会尽在一秒钟，果断去行动

人们常说"机不可失，失不再来"，没有什么事情不需要速度。在成功路上，很多事情在最后成与不成，关键就在于你是不是更好地把握住了时机，能否立即采取行动。

一位智商一流、渴望成功的大学教授决心"下海"做生意。

有朋友建议他到夜校兼职讲课，他很有兴趣，但快到上课的时候了，他犹豫了："讲一堂课能挣到多少钱，我还是试试其他的方法吧。"

又有朋友建议他炒股票，他豪情冲天，但去办股东卡时，他犹豫道："炒股有风险，我还是等等看吧。"

他很有天分，却一直在犹豫中度过。两三年了，他一直没有"下"过海，一直碌碌无为。

拿不定主意和优柔寡断，对于一个人来说，实在是一个致命的弱点。很显然，它会破坏一个人的自信心，也可以破坏一个人的判断力。往往人犹豫时，"前怕狼，后怕虎"，会陷入强烈的内心冲突。结果衡量来、衡量去，时

间就被蹉跎了，很可能一事无成。

一个人要想主宰自己的人生，果断是一项必不可少的素质！特别是在竞争日益激烈的现代社会中，很多事情的发展都取决于某个关键时刻。当这个时刻到来的时候，如果你敢尝试，能抓住机会，就有机会迈向成功。

看一则小故事，一切就都能明了。

20 世纪 70 年代，计算器开始在西方国家出现，但那时的计算机远不像我们现在所见到的这么小，而是有着庞大体积和复杂结构，需要专业知识才能操作的一个大物件。在不懂得二进制和机器语言的人面前，这种电脑就是一堆废铁。而这种稀有物件的价格也很昂贵，不是人人都可以拥有的。

美国青年史蒂夫·乔布斯和他的朋友斯蒂夫·沃兹尼亚克从小就对电子计算机有着巨大的热情。计算机问世后，他们就琢磨着是不是可以将计算机"升级"一下。上了大学后，他们说做就做，在想方设法弄到了一些零部件后，便在一间破旧车库里开始制造微型计算机。经过一番努力，计算机具有了多种功能，乔布斯立即将这种计算机带到附近一家计算机批发商店。这位英明的店主一下子就订了 50 台。拿下这么大的订单，乔布斯激动极了，他告诉自己，该是干一番事业的时候了！

紧接着，乔布斯决定辍学创业，但这一决定遭到了亲朋好友的反对，他们纷纷劝说乔布斯完成学业最重要，等大学毕业后再创业也不迟。乔布斯不以为然，他认为，等大学毕业后再行动就太晚了。就这样，乔布斯和沃兹尼亚克一起毅然辍学了。他们火速合办了一家公司，主攻计算机的研究和开发。经过一段时间的风风火火的研究，他们设计出来的计算机新品无论从操作上，还是功能及外观上都有了更大的提高，并很快引起了风险资本家的高度重视。

他们获得了百万富翁马库的支持。届此，他们创立的苹果公司逐渐步入了拥有无尽荣耀、财富的辉煌殿堂。

从出身来讲，乔布斯和沃兹尼亚克并没有优于常人之处，但他们却取得了举世瞩目的成就。这一方面归因于他们的勤奋和聪明，但另一方面不得不承认，是他们具有超乎常人的胆量和气魄，大胆地计划将计算机"升级"，勇敢地从大学辍学，并火速开办公司，进而抓住了难得的发展机会。

如果你还在犹豫，你想过结果吗？

看了上面的事例，也许有人会说，我也知道立即行动很重要，可是如果条件不成熟，行动的结果也是失败，所以我犹豫只是为了等待更好的更合适的机会。这句话看似很有道理，但依靠"希望"、"但愿"或者"可能"永远也无法成功。并且，世间永远没有绝对完美的事，没人能真的做到万事俱备。

在大多数情况下，你不必求什么"万全之策"，也不需要走一步看一步，有七分把握就够了，就可以立即付诸行动。一家大型知名企业的总裁说过："如果有50%的把握就上马，有暴利可图；如果有80%的把握才上马，最多只有平均利润；如果有100%的把握才上马，一上马就亏损。"

机不可失，失不再来。幸运只是对很少人来说的，成功的机会人人都有，最关键在于你是否具有把握时机的果敢，只要你有善断并且决断的勇气和胆识，在关键时刻刚毅果决，大胆拍板，将机会变为实实在在地促进自身发展的动力，那么你就肯定能取得一定的成功，更好地实现自我。

亚默尔是美国的一个实业家，他就是个性格果敢的人，而这种说干就干的性子，也着实将他推向了成功。那天，亚默尔和往常一样，坐在办公室里看报纸。不经意间，他发现了一条非常重要的时讯：墨西哥可能发生了猪瘟。亚默尔随即想到：如果墨西哥出现了猪瘟，那么加利福尼亚和得克萨斯州必然会受到影响。一旦这两个地方出现疫情，肉价一定会飞速上涨，因为这两个州是美国肉食生产的主要基地。

亚默尔没有犹豫，立即让自己的私人医生到墨西哥进行调查。墨西哥真的出现了瘟疫，亚默尔马上开始筹集资金，大量收购得克萨斯州和佛罗里达州的生猪和肉牛，并将其运送到美国东部的几个州。事情正如亚默尔所预料的那般，瘟疫很快就蔓延到了美国西部的几个州，美国政府下令禁止这几个州的生猪和肉牛外销，必须就地销毁。一时间，美国国内市场的肉类产品紧缺，价格飙涨，亚默尔抓住了这个时机发了一笔大财。

快果断行动起来吧，请相信你自己的能力和潜力。

06. 丢掉那些所谓的"备胎"

在前进之前，许多人习惯先为自己琢磨好退路，做事要留有余地，这个不行就换另一个，也就是我们常说的"备胎"，并且认为这是一种智者的行为。毕竟未雨绸缪嘛，假如事情做失败了，也不至于太被动、太难堪，总还有个保底的台了接着。扪心自问一下，你是否也经常这样？

不可否认，事事留有余地，风险会相对小一些，这有利于增加成功的概率。但问题是，人都是有惰性的，如果战胜不了身心的倦怠，势必会削弱执行的力度，容易在困难面前退却、妥协，这样退路就变成了绊脚石。例如，面对一个重要的客户订单，你认为签了最好，签不了也有其他订单可签。在这种观念下，签单时，你的劲头就不会太大，成功的概率也往往会大打折扣。

你渴望更好地成就自己吗？相信大多数人的答案是肯定的。那么，不要给自己留退路，凡事既然决定了行动，你就要不遗余力地去执行，哪怕是被逼迫，也要逼着自己不断前进，这是许多明智者的共同选择，也是成功之道。

"西楚霸王"项羽破釜沉舟的故事就是一个典型的成功案例。

公元前208年，秦二世胡亥派大将章邯率领20万大军北渡黄河攻打赵国。赵国哪是秦国的对手，交战几次后就被秦军围困在巨鹿，处境十分危险。赵王只好派使者前往楚国求救。于是，楚怀王封宋义为上将军，项羽为副将，率军带领两万人马救援赵国。可是宋义担心与强秦决战会损伤楚军实力，行至安阳后便令兵马安营下寨，不再前进，一连 46 天按兵不动。项羽心急如焚，多次劝宋义迎击秦军，无效。

眼看军中粮草缺乏、士卒困顿，赵国又一再派人前来请求支援，而宋义仍旧按兵不动。项羽忍无可忍，进营帐杀了宋义，夺取了兵权，带领两万人马渡过漳河，并占领了河岸。听说楚军渡河了，章邯领兵大举前来迎战。项羽见秦军人马众多、士气正盛，要打败强大的秦军，就必定要想出一个好的战法才行。于是，他命令士兵们把渡船统统凿穿，沉下水底；烧掉自己的营房，又把行军煮饭的锅也都打得粉碎，每人带着三天的干粮。

项羽义正词严地对将士们说："秦军的人马是我们的十倍，打仗时我们只准进，不准退，要和秦军血战到底！"将士们看到锅砸了，船也沉了，全军一点后退的机会也没有了，因此，人人都抱着进则生、退则死的决心，拼命向前。楚军以一当十，喊声震天，锐不可当，最终大破 20 万秦军，救了赵国。

两军相遇勇者胜，项羽用破釜沉舟的办法断了将士们的后路，抱着必死决心的楚军只能义无反顾、一往无前，最终取胜。大胆假设一下，如果项羽当初没有"破釜沉舟"，给自己留有退路，那么楚军面对强秦时很有可能会想着退路，举棋不定，战斗力自然下降，甚至为了求生选择逃跑。那历史会是什么样子呢？恐怕还得重新书写。

可见，一个人如果不给自己留退路，具有切断后路的勇气，具有全力以赴的气魄，那么他必然会毫不犹豫地切除自身的惰性，拿出以死相搏的决心，不再惧怕任何的风险，坚定不移地朝着自己定下的目标迈进，将自己的勇气和潜能全部激发出来。这样奋斗了，结果就是离成功越来越近。

的确，成功的道路从来都不是一马平川，而且往往是只能前进，不能后退的单行路，我们只能义无反顾地前进，不能犹犹豫豫，不能瞻前顾后。

怀揣着一份创业的梦想，吴桐拿出自己的全部积蓄，又从朋友那里筹借了点钱，注册了自己的"广告制作中心"，其实就是一个小小的工作室。用吴桐自己的话讲，这些钱是"打算买房的钱，打算养老的钱，打算给孩子念书的钱"。这样的行为看来实在太冒险了，身边的亲朋好友纷纷劝诫吴桐不应该这样不给自己留退路，万一失败了怎么办。吴桐的回答是："这是一场没有退路的战争，只能成功，不能失败。动摇就是最大的失败。你想失败就动摇，动摇只有一种结果，那就是失败。而如果不动摇，则有两种结果，一种是失败，还有一种是成功。"

吴桐原本以为自己勇气可嘉，而且自己策划、制作广告的能力很棒，公司发展一定会不错的，谁知业务并不好做。他一天几乎要跑十几家企业，但每次都吃"闭门羹"。工作室已经开办了两个月了，没有拉来一次业务，这时朋友劝说吴桐还是关掉工作室，重新找一份安安稳稳的工作。但吴桐知道人生没有如果，背水一战的自己已经没有任何退路了。他又和朋友借来一些钱，不停地去跑业务。即使最炎热的夏季里，他也骑着那辆破旧的自行车，一家企业一家企业地去谈，每天几乎要跑20家左右。

经过半年的艰苦奋斗，吴桐终于"守得云开见月明"，渐渐地开始有订单。如今，吴桐的广告制作中心发展到第四个年头，已经摇身一变成为了

"吴桐广告公司"，注册资金 100 万元。每当有亲朋好友问到吴桐这几年的创业经历，他总是淡淡一笑，意味深长地感慨道："生命的价值是要靠你去改变的，当你做出了选择的时候，你就要义无反顾地前进，而不给自己任何的退路。"

　　像吴桐这样的例子太多了，举不胜举。我们有足够的理由相信，真正意志坚强、充满自信的强者，一旦认准了目标，是不给自己留退路的。即使他们遇到再大的困难和挫折，也会迎头抵抗，不顾一切地拼下去。所以，给自己一些动力，朝着目标前进吧！

07. 别拒绝成长，请走出"舒服区"

人们难以改变自己，面对新环境、新局面时，往往犹豫不前，这种现象司空见惯。其背后的原因众说纷纭，但其中的罪魁祸首，就是我们的"舒适区"。

每个人都有自己的一个生活圈，在这个圈子里我们可以按照惯性行事、生活，我们会感到舒适轻松，不会紧张。如在美国著名畅销书作家斯宾塞·约翰逊的《谁动了我的奶酪》一书中，小老鼠在原来的窝里过得很好，一出去就感到彷徨，无奈，恐惧，所以它不愿出去，这个窝就是小老鼠的"舒适区"。

但必要的时候，我们仍需要勇敢一点，走出自己的"舒适圈"。

人们生活的目的是什么？不就是让自己的生活更舒适吗？当然，但有时候"舒适"反而很危险。斯宾塞·约翰逊在《谁动了我的奶酪》中就已经提出了这样的观点："生活永远在变化中，别以为目前的舒适是一种享受，享受惯了这种舒适，你也就变成了呆子、傻子，最终必将一事无成。"

还有一篇文章，对此说得更为形象。

一位很优秀的教授带了八个研究生，个个出类拔萃。毕业了马上就要各奔东西了，临行前大家在一起聚餐话别。学生们请求教授讲几句话，也可以说是给他们上最后一课。教授没有说话，只是找出一张纸，在纸上画了一个圆圈，中间站着一个人，周围是一座房子。教授开言说："这个圆圈里面的东西对你至关重要：你的住房，你的家庭，在这里你很自在、安全。但如果有一天你从这个圆圈走出去会发生什么？"

一个学生说："有危险，会害怕。"另一个说："会犯错误。"

教授摇摇头，大家鸦雀无声。教授再次拿起笔，又画了一个更大的圈，又画了一座更大的房子……"当你离开舒适圈以后，你学到了你以前不知道的东西，你增加了自己的见识，变成一个更富有的人。"

当我们处于舒适区里时，很少发生变化，也不会向前发展，所能取得的成就是有限的。多么形象化的比喻！你为什么不敢改变自己的环境？为什么否定"舒适圈"之外的世界，或者是否定"舒适圈"外自己的价值？其实仔细想想，那不过是你内心弱小的借口罢了，是你贪图舒适的心理作怪罢了。

而当迈出舒适区时，你又能收获什么呢？大家都听说过《鲤鱼跳龙门》的故事。

某个山脚下的小湖里生活着好多鱼儿，它们每天自由自在地游来游去，但是狼多肉少，食物日益消减。一天，有一条小鲤鱼指着一道龙门，对同伴们说："我们跳过这个龙门，一起在大河流里生活吧。"

谁知，小鲤鱼的同伴们看了看那道高三尺的龙门，纷纷摇头说："我们在这里已经习惯了，懒得动了。""跳什么跳，小湖无风无浪生活多舒服啊，河里会有大鱼袭击我们，风浪拍打我们……""再说了那么高的龙门你能跳得过去吗？弄不好会摔死的……"

小鲤鱼不再说话了，它每天都不停地跳着。终于有一天，它使出全身力量，像离弦的箭，纵身一跃，跳过了那个龙门，跳进了下游的河流，里面有很多可口的食物，而且可以自由游弋。而湖中的小鱼们则因为吃不饱食开始愁眉苦脸。

这个《鲤鱼跃龙门》的故事说明了一个道理：敢于走出固定的生活环境，敢于尝试接触新的生活时，我们将不再囿于以前固定的生活，用武之地就更广阔了，也拥有更广阔的发展空间，进而成就全新的自己，改变自己的命运。说白了，一个人的成长就是"舒适区"不断扩大的过程，也是从"不舒服"到"舒服"的往复历程。

在这一点上，前美国国务院国务卿康多莉扎·赖斯的故事十分启迪人心。

赖斯的母亲从小就重视对她的教育，三岁时她开始学习钢琴，很快她就坐在母亲弹风琴的凳子旁，开始母女合奏。四岁时，她掌握了一些曲子，开了第一个独奏会，之后便应邀在这个或者那个活动中演奏。16岁时，她考入了丹佛大学音乐学院，那时候她的愿望是成为一名钢琴家。谁知，在大学里一堂国际事务课改变了她，那堂课的主题是列宁的继承者斯大林，她发现"政治居然那么有意思"，她决然地要改变自己的路，放弃音乐学习，而改学国际政治概论。

对于赖斯的这一决定，母亲是反对的："十几年的学习和努力之后，你弹得够好了，你现在不能放弃。"但赖斯还是"从音乐中跳了出来"，踏上了国际关系政治学领域，学习政治学和俄语。她学得很刻苦，为了全面地掌握俄国的各种事务，她不满足于课堂老师教授的知识，经常去图书馆查阅资料，也时常会关注各种新闻事件。19 岁时，她获得了丹佛大学政治学学士学位；26 岁时，她获得博士学位。之后，她进入斯坦福大学国际安全和军控中心继续从事研究。最终，她凭借着在国际政治学上的真知灼见，在政界平步青云，最终成为美国历史上第一位黑人女国务卿。

外面的世界真精彩，从舒适的生活圈子中走出来，放飞自己的无限遐想和活力，做一些特别的、你以前不会去做的事情。开始时你也许会不习惯，但长期坚持下去，相信你必会有脱胎换骨的变化，像鲤鱼跳龙门一样不断地激发自我，不断地突破自我，使人生价值得以完美体现。

第八辑

让心灵慢慢沉淀，
美丽人生终会到来

每一个人都希望得到平静与和谐的生活，
如何实现呢？我们需要沉淀！
沉淀是一个自我反省、自我更新、自我重构的过程，
就是把错误的观念和想法当作垃圾——抛弃，
让心灵更纯净，思想更明晰。
如此，生命就会有别人无法抵达的深度，
无法企及的高度。

01. 和自己的心灵对话

　　花瓶里的水如果不时常换，再美丽的花也会很快凋谢。只有时常换水，才可以保持花的新鲜。花的新鲜与我们身心纯净的道理是相同的，我们要用什么方法来让自己的身心变得清净呢？答案是：和自己的心灵对话。

　　的确，过重的心理压力、过大的工作强度、过于疏懒的生活态度让我们的心灵总是疲惫不堪，看到新鲜的事物，再也激不起心中的波澜，再也没有尝试的意图，不会为难过的事伤怀的同时，也不再为快乐的事惊喜。什么都对付着来，将就着去，生活没有奔头，不过随波逐流，走一天算一天。

　　我们总希望有一个人能在熙来攘往的大千世界中坐下来静静倾听自己心灵的诉说，可惜芸芸众生，知己总是难寻。"万般心事付瑶琴，弦断有谁听？"俞伯牙和钟子期的挚深友谊似乎成了可望而不可即的奢望。更何况"知人知面不知心"，你的心事很可能成为别人口中的笑柄，所以我们更觉苦闷。

　　其实，你忽略了一点——你是自己最好的知音！世界上有谁能比自己更了解自己呢？又有谁能比你更替自己保守秘密呢？古希腊大学问家安提司泰尼曾说过："我从哲学中的最大收获就是同自己谈话的能力。"当你的心灵感到疲惫不堪的时候，就是你从生活的繁忙中抽身出来的时候了。

让心灵退入自己的灵魂中，静下心来聆听自己内心最真实的声音，问问自己：我满意现在的生活吗？我要的是自己现在的样子吗？我为什么感到烦恼？我是不是还要追求工作上的成就？我被生活压垮或者埋没了吗？我得到了什么，失去了什么？如果生命就这样走完，我会不会有生命遗憾？

正所谓宁静以致远，一个人的时候，正是跟内心对话的最好时机。让心灵退入自己的灵魂中，静下心整理思绪和心态，聆听自己内心最真实的声音，接纳此刻最完整的自己。这会给我们浮躁的心灵一份真挚的沉淀，你会发现最真实的自己，进而更快进入生活角色，生活得富有品位和情趣。

有个女人写了一本畅销书，一下子成了"名人"，无论她走到哪里，都有人追捧，有的找她签名，有的与她合影。此后，很多朋友都找不到她了。打电话总是关机，家里的座机也是没人接，有人说她是在故意摆架子，也有人说她是有了名利就忘了朋友，但她还是没有什么消息。

后来终于有一天，她主动给朋友打了电话，接到电话的朋友说："你去哪儿了？是不是到国外度假了？还是采访太多，档期太满了？"她很神秘地告诉朋友："我哪儿也没去，我一直在家和自己说话。当面对突然而至的名利时，我越来越不了解自己想要什么了，我需要冷静地想想自己是怎么了。"

心灵的宁静是一笔财富，这需要一份淡定的心境。就像成名女作家一样，不让头顶上荣耀的光环把自己推向人群，面对名利她依然选择回归自我，给自己一个独处的空间。这是在生活中沉淀出的成熟，是一种冷静与极强的自我控制。这也给了她一颗宁静的心，远离诸多纷杂的浮躁，让内心更加丰盈。

和自己的心灵对话，重要的是要学会清空。当大脑状态混沌、思维不清的时候，请及时清空你大脑的"内存"。我们的大脑也是一样，受各种信息的不断冲击，被争先恐后的想法填充着，空间被塞得满满时，渐渐地就会变得很迟钝、很健忘。只有先清空了大脑，才能腾出一定的空间。

你有过大扫除的经历吗？当一箱又一箱地打包时，你会惊讶自己在过去竟然累积了那么多东西；懊悔自己事前没有花些时间整理、淘汰一些不再需要的东西，以至于累得连脊背都直不起来。简单的事情蕴含着一个深刻的哲理：人一定要随时清扫、淘汰不必要的东西，日后才不会背负沉重的负担。

如果你还不能理解，我们不妨先来看一个有趣的故事。

一个年轻人千里迢迢跑来找一位智者，他身后赫然背着一个大包裹，累得气喘吁吁："大师，长期跋涉的辛苦和疲惫难不住我，各种考验也没有能吓倒我。但是，为什么我总是找不到心中的阳光，感到焦虑、不安和痛苦？"

智者看了看年轻人的包袱，问道："你的大包裹里装的是什么？"

"这对我太重要了，"年轻人回答道，"这里不仅有我必需的生活品、一路上搜集的金银珠宝，还有我远行中的疲惫、孤寂，受伤时的眼泪、痛苦……"

智者听完安详地问道："每次过河之后，你是不是要扛着船赶路？"

"扛船赶路？为什么？"年轻人不解地看着智者，喃喃地说，"而且船很重，我哪扛得动。"

"你只知道船很重要，过河时船是有用的，过了河就放下船，怎么不想想那个包袱也是如此呢？"智者反问道。

年轻人顿悟，他放下包袱，顿觉心里像扔掉一块石头一样轻松。他发觉自己的心情轻松而愉悦，步子也比以前快得多。

故事中这位年轻人因为背负的太多，将内心摆得像一个仓库一样，反而没有自己舒服待着的地方，导致被焦虑和不安所折磨。后来他又因丢弃了那些东西，给心灵留有一定的空间，瞬间便获得了轻松和快乐。

　　如果你在生活中时常感到内心沉重、疲惫不堪，那么请诚实地面对自己的内心，检查自己是否背负了太多无价值的、不必要的东西。如有些事情明明已经过去好久，却不时在脑里闪过并在心里激起波浪；成败得失、伤痛烦恼深刻于心，时时让自己背负无形枷锁；不断追求很多东西——地位、权力、财富……

　　现在就清点一切，丢弃掉那些多余的负担，丢掉那些旧的恐惧、旧的束缚，放下任何你"不值得"背负的东西，把不该记忆的事忘掉，包括烦恼、忧闷、挫折、沮丧、压力，等等。你会发现，内心将处于不纠缠、不羁绊、无牵无挂的状态，外界的纷扰无法影响到你，你会生活得更从容、更幸福。

02. 要朝气，不要锐气

年轻，意味着希望，意味着未来的无限可能，也意味着初生牛犊不怕虎。年轻人总是锐气四射，这既符合他们的年龄，也符合他们的心态。他们迫不及待地向世界展示自己的智慧、能力、主张，不论是对的还是错的。而各行各业的从业者都渴望创新，渴望激情，他们往往把希望寄托于那些年轻带来的"新血"，希望给他们带来更多的惊喜。

但是，锐气有时也会给年轻人带来不必要的麻烦。因为盛气凌人，他们经常被批评为"轻狂"、"没礼貌"。老者认为这种锐气是因为年轻人经历的事情太少，受到的挫折太少。这显然是一种偏见。他们身上有锐气，不是因为他们没受过苦，没吃过亏，他们在苦难里得到的是阅历，在失败中汲取的是经验，而不是被它们消磨，失去自己本真的模样。

一个人失去锐气是可怕的事，就像猛兽失去爪牙，雄鹰失去翅膀，船舶失去推动器，我们会立刻变得畏首畏尾，畏葸不前，做什么事都会担心这个，担心那个，最后一事无成；和什么人相处都会始终在意他人的看法，该说的话不敢说，最后成了一团和气的橡皮人。这样的人生，显然不符合我们对生命的期待。

但老人们的话并不是完全没有道理，在很多年轻人身上，我们也看到了锋芒毕露的负面影响。并不是说爱表现自己的人都会成为众人忌妒的对象，受到不公正的议论和指责，而是锐气膨胀了他们的自尊心，让他们变得目中无人，不再尊敬任何事、任何人。而不懂得尊敬的人，早晚会变得故步自封，听不得任何反对意见，这才是致命的缺点。

年轻，应该是开放的、多向的，既有自己的视角，又能够听得进各方意见，不要对此不以为然，盲目地认为新的就是对的、个性的就是好的、先锋的就是有生命力的。锐气，应该是面对挑战时所表现的勇气，面对新事物时敢于接纳的气度，面对不公正事物保留的不屈服态度，而不是目空一切，不是固执己见，更不是自我为中心，认为别人统统是废物，只有自己是个英雄。用错误的方法坚持个性，结果是灾难性的。

公元前 8 世纪，斯巴达是一个以战斗闻名的希腊城邦，这个城邦对内要镇压奴隶的反抗，对外要对抗其他城邦的侵略。在那里，全民尚武，勇士的光荣是所有人的追求。每个男子从记事开始就要接受严格的军事训练，以便成为独当一面的猛士，为国家效力。

在斯巴达，每个男孩出生后就要经过一系列严格的体检，如果被认为身体不合格，就要丢进弃婴场，失去被抚养、被教育的机会。斯巴达人以这种极端的方式保持着整个民族的素质，并在城邦范围内不断提倡武力至上，用艰苦的训练来磨炼士兵们的精神，提高士兵们的身体素质，以保持每个公民的锐气。

这种氛围的确换来了斯巴达一时的强盛，斯巴达成了希腊的统帅国，还曾战胜过强大的波斯帝国。但是，穷兵黩武带来的不只是外界的反对和拼死抵抗，还有本国的尖锐的内部矛盾。斯巴达在内外交困中失去了独立地位，终至灭亡。

这是一个极端的负面例子，但在现实生活中，极端的人随处可见，他们只遵循自己的意志，丝毫不考虑他人的感受。他们无疑也有优秀的一面：勇敢、严肃地要求自己、有创新性。但这一切优点却很少换来他们的成功，反而让他们走进死胡同，原因就是他们的锐气用错了地方，这时候，有必要审视自己对待生活的方法是不是出了什么问题。

锐气应该对事，而不是对人。我们应该把着眼点放在具体的事务上，例如某个难度较大的项目；某个涉及各种经济利益的朋友纠纷；某个大胆的、看上去不可行的提案；某句有针对性的流言蜚语。你需要做的不应该是斥责那些抱怨项目困难的同事，埋怨那些不放弃任何小利益的朋友，对反对你提案的人横眉冷对，或打破砂锅问到底，一定要揪出流言的始作俑者。当你开始这么做的时候，你身上有的不是锐气，而是意气，你已经陷入意气之争中。

真正的锐气需要大气，当你迎难而上，鼓舞那些畏惧困难的同事，并取得真正的实际时，你具备了领导者的锐气；当你快刀斩乱麻，以公正的方案解决了朋友间的纠纷，朋友们都会为你举重若轻的气概折服；当你虚怀若谷，冷静地聆听反对者的意见，做出相应的改进，让自己的提案更加完善、更加新颖，你得到的评价不是"目中无人"，而是"后生可畏"；当你相信谣言止于智者，只以行动证明自己的品德和能力，你将收获众人的信赖与尊敬。

如果你不能正视自身的缺陷，仍旧把意气、脾气当作锐气甚至志气，那么你一定是一个糟糕的年轻人，过分爱护自己，很少尊敬他人，渐渐地拒绝沟通，只做自己想做的事，看不到合作的价值与交流的意义。不出意外的话，你会渐渐变成一个糟糕的中年人，一个失败而糟糕的老年人，最后只能对着自己失败的过去大发脾气，身边却没有一个听众。这不是恐吓，无数祖辈们的经验告诉我们，老年人的失意，都来自年轻时的坏习惯。

再次强调，需要检讨的只是做人做事的方法，而不是我们身上独有的锐气。做人做事需要锐气，也需要智慧，当两者完美结合，我们的人生就会进入一个更高的境界。在那种高远的心态下，我们能把事情做得更好，能完成更多的梦想，这才是生命的真谛。

03. 我们的目标是成功者，不是八卦者

想要交际就免不了交谈，想要交谈就避不开话题。每一个人的生活中都有特定的环境，里面的人物也几乎是固定的。我们每天都在各个小团体间往来，从家庭到学校或者公司，就连网络上的论坛、游戏里的队伍，都是固定的小团体。想要融入团体，自然要说话，要交流，交流的越多越容易产生感情，共同话题越多，感情就会越好，这是人之常情。

每一个小团体都有自己的一套话题规则，这种规则大同小异。谈话常常由一个或几个健谈的人主导，他们会抛出一些大家都能插上话的话题，并把握着话题的走向，其他人只需要说出自己的经验或见闻即可。而团体越小，越日常，话题就越集中，越容易走向家长里短，人物是非。于是，在小区的广场上，在公司附近的小饭店里，在学校的宿舍，话题最容易变为参与者对他人的议论。这种议论很难公允，常常是道听途说的大集合。

越是这种议论，越是要求参与者发言，一言不发的人不出多久，就会被这个团体集体排斥。如果有人斥责了这种行为，就会被团体成员视为挑衅。所以，多数人为了融进团体，只好唯唯诺诺地开始与他们一起议论"某部门的美女傍了大款"、"某上司最近离婚，据说因为劈腿"，等等。而在你加入

这类话题的那一刻，你就可能成为一个搬弄是非的人。

是非有时是暧昧的，就如道听途说的消息未必是假的。想要完全摆脱这些消息的困扰，最好的办法是不参与，但这就几乎割断了你与旁人的一切互动，还可能因此成为绯闻的主角。但如果你服从了他人的话题规则，你就需要经常性地加入这类你根本不喜欢的杂谈，说一些言不由衷的感叹。有时候，他人甚至会逼迫你表明立场，你很难在话题中维持中立，不发表自己的喜好和心理偏向。参与这种话题也就成了一种折磨。

但如果你正经地反对这条规则，你得到的会是另一番答复，那些对传闻津津乐道的人会说你太过认真，他们只是在闲聊，谁也没有把传闻的内容当真，而且会异口同声地斥责你不愿意加入就不要破坏气氛，仿佛错的人是你。是的，他们只是闲聊，你可以理解为他们只是没事闲的。要不要加入他们，就看你的喜好了。

　

陆先生从学生时代开始，就不是一个多话的人，甚至因此受到过宿舍人的排斥。在男生宿舍，话题不比女生宿舍少。男孩子们议论老师，议论课程，议论同班或同校的女生，议论同学，有时候免不了恶意的评论。这时候，陆先生总是沉默不语。渐渐地，同宿舍的人认为他太过清高，有什么话也不愿意在他面前说，他自然成了宿舍不受欢迎的人。

转眼陆先生开始工作了，他依然不喜欢加入那些午间闲聊，加入同事们对老板或工资的议论，这让同事们认为他不合群。但陆先生并非孤僻的人，他很愿意帮助别人，也很会照顾人。但即使是他的朋友议论他人是非，他也不会接腔。于是大家都别有用心地说陆先生"谨言慎行"，陆先生明白他们的意思，他也曾经想过这样做的坏处，但想来想去，他还是觉得不能随便对自己不了解的事物大放厥词，这不符合他为人的原则。

陆先生一直未变，但他并非缺少朋友，从学生时代，就有不少人信赖他的人品，将那些不愿对他人诉说的心事对他倾诉；同事们也知道他为人的正直，这种信任演变为信任他的能力；老板更是觉得陆先生沉稳可靠，着力提拔他。陆先生不但将旁人用在琐碎话题的时间和心思省了下来，还收获了良好的口碑，可见沉默是金并不是没有道理。

如果你一丁点也不喜欢团体的话题规则，陆先生就是你的榜样。一个不言他人是非的人，即使表面上给人以无趣的印象，依然会让他人信任。有人的地方就有江湖，有江湖的地方就有是非，我们无法完全避开，那么就要有自律意识，不要让是非的爪牙伤害到自己，更不能煽动风波给别人带去麻烦。这是一条正直的做人原则。

也有人选择更为聪明的附和方式，他们带着笑脸，倾听着大家的议论，但他们只会说"原来是这样啊"、"真的吗"、"我从来没听过"等无意义的感叹句和疑问句，既不必为自己的沉默尴尬，也不必为自己的言论负责。在聚会中，为了避免冷场，我们都可以效仿这种参与模式，这种模式又名装傻，是标准的安全模式，适用于一切话题。

无论如何，我们的目标是一个成功者，而不是一个八卦者。就算我们想要迅速和人拉近距离，也要慎重考虑这个团体的话题规则。一旦你接受这个规则，就再也不能摆脱它，那么不如从一开始就给自己划一条界线，当个其他人口中的"正经"人。

更好的办法是自己创造出话题规则。想一想，你为什么不能当话题的主导者？你为什么一定要跟着他们去说家长里短，去数落上司的衣着？你完全可以拉着几个人，跟他们推荐一下昨天看的那场电影，说说导演的风格，说说演员的演技，说说票房和影响力。如果对你自己的语言内容没有信心，不妨做做功课，先看看别人的评价，力求让自己的话有深度，又有趣味。多说说这类话，你也可以成为圈子的中心人物，自己把握话题，而不是被人牵着走。这不是最完美的办法吗？

最后还是要说，在任何时候，都不要对别人的话题表现出明显的厌恶，因为人与人的关注点不同，别人的话题可能无聊，却是他们的生活。你需要做的是过好自己的生活，而不是否定他人的生活。你可以不加入话题，却不需要贬斥别人的谈话，除非他们在说一些完全捕风捉影的谣言。在任何谈话中，都不要轻易评判是非，因为你做不了别人的主，更不能了解所有人。谨言慎行的人，往往能收获最多的信任。

04. 学会享受悠闲"慢"生活

　　如果评选近年来最热门的口头禅，"无聊"这个词一定居高不下，成为众人最信服、最深有体会的字眼儿。回想一下，我们一天要听别人说多少句"太无聊了"，我们自己又说过多少次"无聊死了"，你就不得不承认无聊这种状态经常出现在生活中。但即使它出现的频率如此之高，也没有多少人能让无聊变得有趣。

　　我们需要休闲时间，因为人体这架机器不能常年处于超负荷运转状态，它需要放松。但很多人都不知该如何打发每一天、每一周、每一年的放松时间，只觉得日子越过越无聊，想不到要做的事，休息还不如上班来得有趣。而这些休闲的日子也是你耽误不起的青春，你不能在无所事事中打发它，那同样是浪费。

　　今天是个值得庆祝的日子，施小姐邀了几个朋友去西餐厅，还点了一瓶上好的红酒。朋友们都以为她有什么人喜的消息要宣布，但施小姐只是淡淡地说："我的珠宝玉石鉴定师资格证考下来了，虽然只是最低等级，但还是想庆祝一下。"朋友们连忙说恭喜，却不知道这个证书究竟有什么用，难道是为了买珠宝不被骗？

施小姐也不多解释。她是一个闲不住的人，但却不是特别有主见，甚至有点被动和跟风。她最爱做的事就是定期问问自己的老师或者自己的朋友："你最近在做什么？"有些人会说："还不是那个样子，工作呗！"有些人却会说："忙死了！最近报了个西班牙语班/学习茶道/参加了一个游泳俱乐部/攒钱准备去西藏……"施小姐就在那些忙碌的内容中选择一样，自己也去学习。她没有特别具体的目的，只是不愿意浪费任何时间。

这种"别人做什么我就做什么"的状态足足持续了四五年，这个时期，施小姐和以前一样仍然对未来没有主见，但她却因为不断学习和旅游增长了不少见闻，也交到了各行各业的朋友。有一次，当她询问一位朋友最近在做什么，朋友回答："我这几年好不容易攒了笔钱，准备开一个小店面卖手机，你知道我一直都喜欢摆弄这些电子产品……"

施小姐突然福至心灵般站了起来，她想到了自己想做的究竟是什么了，而她过去选择学习的那些事，隐隐约约也指向了这个目标。她想开一个休闲会馆，包括健身、读书、美容、旅游。这个会馆是便民的、社区式的，而不是那种只有特别有钱的VIP会员才能进入的。施小姐越想越是激动，这么多年，她第一次想到创业，想到自己的未来就是为了完成某件特定的事！她决定用几年的时间攒钱、学习，一定要实现这个愿望。

施小姐是个没主见的聪明人，她的没主见表现在不小的年纪依然没有事业方向，依然找不到自己的定位，也没有特别用心去找；她的聪明表现在她知道时间不能浪费，如果不知道想做什么，至少先去做点什么。如果每个人都有施小姐的这种精神，他们即使还没找对人生方向，也不会在无所事事中耗费青春。至少，他们手中会有一些资格证书，一些拿得出手的爱好，一些别人没有的见闻和经历。

无聊的时候最怕闲着，你会发现越闲越无聊。除去足够的休息，你需要找事做，当然，不用想着与工作有关的事，把家庭当成第二个办公室，一定要做与工作无关的事，才能真正得到放松。即使你从事另一件麻烦的任务，只要与工作无关，它就不会给你带来沉重的压力，反而可能成为另一种学习和锻炼，与工作并行不悖。

不知道做什么的时候，就看一看别人都在做什么，很多人都可以成为你的生活榜样。首先要用排除法，排除那些和你一样无聊的人，他们的特点是在签名里大喊不知道该做什么，或者不停发照片发状态；也要远离那些只想拉着你吃饭喝酒逛街的人，友谊当然需要时间维持，但总把时间放在这上面，也是不小的浪费。

最重要的目标是那些你认为非常优秀的人，留意打听他们的日常生活，你会发现他们的生活习惯和他们的事业一样健康。他们大多在休息的时候学一些知识，例如舞蹈、美术、品酒……如果有条件，你也可以学起来。经常模仿成功人士的习惯，做他们做的事，可以使你更接近成功。在私人时间里，这条真理同样适用。

一些修身养性的爱好是不错的选择。例如书法，描字帖的时候可以让人凝神静气，练久了不但可以拥有当作门面的一手好字，性格也会随着内敛稳重；例如茶道，工夫茶的步骤并不琐碎，但每一步都需要优雅与耐心，茶香满溢的时候适合沉思，适合回味，也适合畅想；例如养花，看着绿色植物会带来每一天的好心情，观察一朵花从含苞到开放更是一种美的享受，并有特别的成就感……这些爱好将休闲与修为结合，一举两得。

不论什么时候，都要谨记时间有限。玩就要痛快地玩，学就要专注地学，工作就要努力地工作。不浪费一分一秒时间，注重每一件事的结果和质量，可以使你在任何领域都得到充实的感觉和实质上发展。要重视时间的分配和劳逸的平衡，也要重视这些时间的去向。让每一分钟都有最合理的去处，就是珍惜光阴。工作时间不能浪费，休闲时间也一样。

05. 重新审视那些困扰你的事

生活中我们常被一些小事情所羁绊，它们虽不致死，但如果我们总是紧抓着不放，内心苦闷的情绪无法得到释放，就等于在无形中夸大了小事的重要性，只会给自己套上精神枷锁。

"许多人都有为小事斤斤计较的毛病，结果让自己的人生痛苦不堪。""美国现代成人教育之父"戴尔·卡耐基的这句话一针见血。

一个经理正准备享用一杯香浓的咖啡，餐桌上放满了咖啡壶、咖啡杯和糖，心情无比放松。这时一只苍蝇飞进房间，嗡嗡作响直往糖上飞。顿时好心境全无，他烦躁无比，起身追打苍蝇，于是桌子翻了，杯碎了、咖啡汁遍地皆是。片刻之间房间一片狼藉，而最后苍蝇还是悠悠地从窗口飞走了……

听了这个故事，你是不是觉得很可笑？但扪心自问一下，你是否因为在上班的途中遇到堵车，烦躁随之而来？你是否因为不小心被人踩了脚，心情变得异常糟糕……事实是，我们很多人老是为一些微不足道的小事发愁，被无关紧要的小事绊住前进的脚步，未免有些小题大做了。

难道我们就甘愿被这些烦恼困扰吗？不，我们要想办法解决它，摆脱它。

当被烦恼困扰的时候，请静下心来，告诉自己这样一个事实："生命太短促，眼下这件小事真值得我丢不开、放不下吗？"尽力敞开心胸，超脱一点，不让自己因为一些鸡毛蒜皮的小事抓狂，这样，或许我们的内心世界会清静不少，也就能腾出更多的精力去放眼世界，少点忧愁，多些快乐。

有些事我们在经历时总也想不通，直到经历之后才恍然大悟。"再回头看一遍那些曾经无比困扰过我们的事，就会发现竟然没有一件不是琐碎的小事。"这是卡耐基所说的话。事实证明他是对的，在我们面临一些"天大的"困扰之后，就会发现一些事情那么荒谬、渺小，实在没理由值得烦恼。

有一位中年农夫，时常感到生活的枯燥和困苦，便上山找到一位禅师，哭诉道："禅师，几十年了，我一直没有感到生活中有丝毫的快乐。房子太小、孩子太多、妻子性格暴躁……您说我应该怎么办啊？"

禅师想了想，问他："你们家有牛吗？"

"有。"农夫点了点头。

"你回去后，把牛赶进屋子里来饲养。"

虽然农夫有些丈二和尚摸不着头脑，但他很虔诚地听从了禅师的指导。可一个星期后，农夫又来找禅师诉说自己的不幸。

禅师问他："你们家有羊吗？"

农夫说："有。"

"那就把它放到屋子里饲养吧。"

可这些丝毫都没有扭转农夫的苦恼。于是他又找到禅师。禅师问他："你们家有鸡吗？"

"有啊，并且不止一只呢。"

"那就把你所有的鸡都带进屋子里去养。"

从此以后，农夫的屋子里便有了七八个孩子的哭声、太太的呵斥声、一头牛、两只羊、十多只鸡。三天后，农夫就受不了了。他再度来找禅师，请他帮忙。

"把牛、羊、鸡全都赶到外面去吧！"禅师说。

第二天，农夫来看禅师，兴奋地说："太好了，我家变得又宽又大，还很安静。我感到从未有过的愉快啊！"

事实上，农夫的日子与以前相比没有丝毫的改变，但从此以后他却感到生活中处处充满了乐趣。也就是说，原来在农夫看来"道高一尺"的烦扰，比起后来"魔高一丈"的骚乱，简直是可以忽略不计了。如此看来，我们要学会把心放平，把心放宽，经常重新审视那些困扰自己的事情。

快乐是自找的，困扰也是自找的。智慧，就在于知道什么可以忽略，不把无关紧要的小事放在心上！这样，我们的心灵空间就会腾出不少地方，恢复它本应有的空旷和达观。

在这一点上，大哲学家苏格拉底就做得很好。

苏格拉底的妻子脾气非常的不好，是一个有名的悍妇。她常常对苏格拉底疾言厉色，但是苏格拉底从来都不对妻子发火。一天，妻子又因为一件小事而大动肝火，她把苏格拉底痛骂了一顿，还觉得不解气，于是她又提一桶水，从苏格拉底的头上倒下去，苏格拉底全身都湿透了。朋友们都以为苏格拉底肯定会大发雷霆，但出乎意料的是苏格拉底并没有生气，而是笑着说：

"我就知道，打雷过后，肯定会有一场大雨的。"结果，妻子也忍不住笑了起来，一场大战就这样避免了。

俗话说："夫妻吵架不记仇，半夜三更睡一头。"苏格拉底就是本着这个原则，才会幸福地生活着。他没有因为妻子的无理取闹而大发雷霆，因为他知道这只不过是小事一桩，没有必要怒上心头。做人就应该向苏格拉底这样心胸宽广，让心灵保持一定的张力，不为微不足道的小事烦恼。如此一直保持下去吧，这会给你带来很大益处。

06. 耳旁风里的至理名言

在平时的生活中，你喜欢听别人的唠叨吗？

当我们与一群人共同探讨问题时，不会多嘴多舌，因为父母经常说"沉默是金"；当我们与人发生口角时，习惯性地退让一步，让对方消气，因为爸爸嘱咐过"退一步海阔天空"；当我们走进厨房做饭时，清楚地知道哪两种食物搭配是美味的，更清楚地知道什么食物配在一起会拉肚子或中毒，这是妈妈经常打电话来唠叨的；当我们夜班时候看到老人在寒风中卖水果时，即使家里的冰箱有丰富储藏，也会顺手买上几个，因为妈妈不知何时说过"要有同情心"……父母、师长、朋友们的嘱咐，因为太熟悉，经常被我们当成耳旁风，但它们所蕴含的道理已经在我们心中扎根。可惜，我们只有懂事后才明白这件事。

朗太太是一家公司的女主管，有两个活泼可爱的孩子，一个美满幸福的家庭。她看上去精力充沛，又温文尔雅，在公司从不动怒。特别让下属们感动的是，朗太太虚怀若谷，即使是新进员工的意见，她也会认真倾听。对朗太太来说，听他人的建议，是一种习惯。

但朗太太也清楚记得，在她小时候，她最不耐烦的就是爸爸妈妈没完没了的唠叨。吃饭不能说话，但他们还在教训她；睡觉时间不能超过晚上十点；冬天绝对不能穿保暖袜，要规矩地穿保暖裤；写字要用钢笔不要用圆珠笔；和同学约好出门不能迟到……事情不论大小，只要是她要做的，爸爸妈妈就要轮番唠叨。如果她没照做，那轰炸机似的父母更是不会放过她，非要让她的耳朵磨出茧子，承诺不敢再犯才肯罢休。

　　朗太太总把父母的话当作耳旁风，认为他们太老土，太不相信她。直到她进了大学，走进社会，才明白真正肯对她唠叨的人，只有父母、极少数的朋友和学生时代的一些老师。而他们唠叨的内容，伴随了她的成长、考试、成人，让她的个性渐渐成型。进入公司后，原本一个月都懒得给家里打电话的朗太太隔三岔五就要给父母打电话，听听他们的嘱咐和唠叨，这个习惯至今还没有改变。朗太太有时也会告诫她的手下们：有人诚心诚意地给你提意见，是另一些人求也求不来的福气，就算他提的不对，也一定要珍惜这样的人。

　　倘若我们从很小的时候，就能将旁人的告诫视为珍贵的格言，而并非对自己的约束，我们将少走多少弯路，少碰多少墙壁？非要等我们伤痕累累，吃亏受气之后，才能明白那些唠叨里藏着的智慧，这真是一件不幸的事。但能够及时领悟，及时回头又是一种幸运。多少人直到中年还要和别人的好意对着干，一条道走到黑？这真是愚不可及。

　　对旁人的建议，一定要慎重对待。大多数的建议都是经验之谈，特别是失败后汲取的经验。前车之覆，后车之鉴，这些建议往往是课本上学不到的、我们也未曾经历过的，吸取了就是收获，无视了就是损失，非要对着干的话，十有八九要招致失败。大海为什么广大？就是因为不选择小流，能够接纳每一种建议，人也应该有这样的胸怀，在博学博观的基础上判断选择，才能既有主见又有包容性，说话做事有不一样的见地。

随着年龄的增长，耳边的唠叨声越来越少，因为人们不会轻易地开口给你提意见。他们担心你会误解其中的用心，担心说话不小心得罪你，担心提的不对，担心你的行动会让他们担上责任。没有唠叨声，你的生活真的轻松了不少吗？事实上，你开始希望别人能对你说两句真心话，而不是一个人不断琢磨自己的做法究竟有什么问题。

这个时候不妨主动询问，请他人提出建议，这样不仅可以给人留下谦虚的印象，还能学到不少东西。很多人顾虑重重，最初的意见只是表面上的、敷衍的，不要因此就对他们灰心，也不要因此判断他们的人品以及与你的关心，他们中的大部分人不了解你的心态，你必须进一步表明自己的急迫和诚心，才能得到真诚的建议。刘备为什么能请诸葛亮出山，就在于他的不懈努力，三顾茅庐，才能让人感受到诚意。当然，如果别人提了建议你继续当耳旁风，你的诸葛亮们恐怕都要回南阳继续隐居。你必须以行动告诉别人：意见是有巨大价值的，我的成就归功于你。即使这只是客气话，也能让人愿意为你提供更多建议。

在征求意见的时候，需要注意别人是否方便。你需要考虑他人的作息、他人的经验程度、他人的性格。当你想就新计划听听老板的意见，千万不要趁着他们吃饭或小憩的时候前去打扰，那只会让他们想要赶快打发你；一些高深的问题需要问专业人士，问个和你一样只知道皮毛的人，只会是两个人一块猜测；如果对方是严肃的人，你也应该以郑重的态度提出问题，嬉皮笑脸只会让他觉得你并不重视他的答案。总之，询问意见本身，是在向他人求助，求助的人必须有尊重、诚恳、礼貌的态度，否则谁愿意帮你？

还要注意，别人不是你的搜索引擎，简单的事一定要自己先动手查阅，学习，只有在遇到难题时才去问别人，一来提高你的自学能力，二来节省他人的时间。如果遇到不会的问题就直接问别人，下次遇到你仍然不会，被问的人也已经烦了。尝试自己解决一切问题，但在解决的过程中询问一切人的意见，让计划更为全面，是很多人的成功法则。此外，你要记住珍惜并感激那些为你提意见的人，也要以相同的坦诚对待他们，以期共同进步。

第九辑

/

人生就是成长的过程，
成长一时一刻都未停止

/

现实是无情的，竞争是残酷的，

自己不努力，去哪里找未来？

也许现在的你没有学历，没有经验，没有背景，

但你要相信，你比想象中强大！

关于成长，从来没有太晚的开始。

慢慢来吧，有一天，你的努力必定会在某个时候，

以某种方式闪闪发光。

01. 惜福养身，爱自己，爱生命

　　未来是一条漫长的路，每个人都有各自的起跑线，每个人都走向认定的终点，很多人认为，只有风雨兼程，披星戴月，才能赶在别人前面达到目标，才能真正拥有自己的梦想。他们常说任何事都有代价，他们愿意拿青春、拿健康、拿一切来换得目标的达成。这句话是经不得推敲的豪言壮语，青春会老去，一切会过去，失去的一切会由崭新的未来补偿，但如果你失去了健康，就失去了所有的未来，或者，未来的一切都会是晦涩的、不尽兴的。

　　当我们下定决心为某个目标而努力，就算遇到困难也发誓百折不回时，已经为未来做了充足的心理准备；当我们克制自己的消费欲望，握紧钱包把更多的金钱用来投资，已经为未来做了充分的物质准备。但是，如果我们想要真正达成心中的梦想，还有一个条件必不可少，这就是身体上的准备。试想，没有一个好身体，你如何克服困难，如何享受未来？

　　身体是革命的本钱，这是每个人都知道的道理，也许就是因为它太简单，也太普通，总是会被人们选择性忽略。人们总是有一种错误观念，认为伟大的成就必须是牺牲健康才能换取来的，这真是天大的误会，让那些又有成就又长寿的伟人们怎么解释呢？你太笨？你不爱惜自己？你误解了生命？还是什么也别解释了，免得打击病床上的你。

过劳死已经逐渐成为一个社会问题，在媒体的渲染下，这是一幅可怖的画面：一位脑力工作者像往常一样坐在电脑前办公，突然，他僵硬的身体晃了几下，一头栽倒在地，然后就是医生无奈地宣布回天乏力。这让所有看到的人都对自己的身体健康产生警觉。

　　另一种过劳死也需要重视，死因不是日益累积的身体劳累，而是心理压力。当一个不堪重负的年轻人站在高楼顶端，万念俱灰地闭上眼睛跳下去，即使没亲眼看到的人也会觉得触目惊心。不断有人呼吁关注健康，但呼吁仅仅是呼吁。

　　不能仅仅把这种状况归咎于企业的高强度劳动，事实上，没有哪个企业真的因为劳动强度太高而发生员工集体病倒，轻生、过劳死的人只是极少一部分。而越是知名的企业越注重员工福利，不论加班的奖金还是每年的假期，都有科学合理的安排。但是，想要人们真正重视健康问题，解决之道并不是企业天天放假，而是员工个人的生活调节。毕竟，老一辈的农民一辈子贪黑起早，七老八十仍然硬朗的比比皆是，这种对比值得人深思。

　　身体问题是现代人的烦恼症结之一，亚健康到处都有，你以为是工作累的？的确，现代生活节奏这样快，工作这么重，压力这么大，难免出现点问题。但你真的觉得现代人的健康指数偏低是时代造成的？我们的时代已经有先进的医疗设备，科学的医护人员，人的寿命已经被大大提高，真正造成许多流行病的，恐怕还是人们不良的生活习惯。

　　轻视身体锻炼是最要命的，人们总是喊着自己太累、需要休息，他们休息的时候也不好好睡觉，而是在床上赖着，在电脑前耗着，就连出门散步、上街买菜都觉得是巨大的体力消耗。但是，无数事实证明，那些真正在繁忙工作之余坚持锻炼的人，非但没有更加劳累，反而得到了一种更好的休息，在新鲜空气中，在有氧运动中，在汗水的分泌、毒素的释放中养足了精神，恢复了精力，以更饱满的状态迎接接下来的工作。他们每天花费一小时锻炼，看似占用了休息时间，实际上却节省了几倍的工作时间。

健康一旦出了问题，直接损失的是无辜的钱包。它本来静静地增加厚度，等待有一天用在真正需要的地方，实现最大的增值，现在，它无奈地张开嘴，把里边的钞票贡献给医院，给药物，负责为你花钱买罪受。这本来是平日多走几圈步就能避免的问题，你却把它变成了一场大病，真是为谁辛苦为谁忙，竹篮打水一场空。赶快检讨一下吧，辛辛苦苦赚来的钱要花在投资、养生上，而不是花在看病吃药住院上。

身体需要呵护，心理问题也不容忽视。高强度的工作和高压力的环境，带给人们沉重的心理负担，倘若没有妥善的释放渠道，压力很可能累积成心理疾病。而这种疾病是肉眼看不见的、速度缓慢的。最初你可能只是有点走神，慢慢地变得不爱说话，因为过程太长，周围的人和你自己都不以为意，以为是工作累的，只有久未见面的人才会大吃一惊，关心地问："你怎么这么没精神！"而这个时候，你也许已经患上了轻微的抑郁症。

心理问题导致你的心里始终有挥之不去的消极情绪，不论好事坏事它都会悄悄出现，一番作怪。好事成了可做可不做的事，坏事则让你一蹶不振。这种情绪持续发挥作用，你的未来便会一片阴霾，看不到光亮。这时候你必须及时调整生活状态，尽量寻找那些让自己开朗的人和事，才有可能阻止自己走入心理泥潭。

人们总是把保持身心健康看作一件耗时耗力的大事，似乎它一定占用了奋斗时间，这同样是一种误解。锻炼只是一种习惯，只要你不犯懒，去跑步，去健身，去散步，去游玩，都可以在休息时间轻松完成，根本不会占用多少时间，反而会提高你的工作效率。我们不仅要关注未来，还要关注此刻的生活，关注自身的健康。要记得，没有健康的人等不到未来。

02. 学习是一辈子都不能停下来的事

你从什么时候开始停止了学习？毕业那一刻，还是在找工作的时候？当你把教科书变卖或送人，或打包回老家，你心里是轻松还是不舍？离开了每天需要上课做作业的校园，你是否认为教育已经结束，你的生活从此与读书无关？一年过去了，你可能已经忘记了学过什么；两年过去了，曾经的自习、备考、笔记都变得陌生遥远；三年过去了，学生时代的自己已经成为最模糊的回忆。你正在为事业打拼，你究竟有没有学习，还是只是在应付你的工作？

对生活、对工作、对感情，如何判断一个人的态度是否认真？关键就在于看他有没有在学习。万事万物都是学问，一个认真的人总是想要做得更好。对生活，他们不会马马虎虎，而是会主动学习更多技巧，做菜也好，安灯泡也好，通下水也好，这些都能用钱来解决的小事，他们都不介意一一了解；对工作，他们总是抓紧一切机会询问经验，渴望深造，勇于实践，即使工资还没有增加；对感情，他们不会满足于一时的激情，而是向旁人请教，向伴侣询问，想要做得更好。他们学习一切知识，把学习当作解决问题的入门途径。

学习是一生的要事，它与你的事业相辅相成，不论做任何事，有一颗学习、探究之心的人，总是表现得更谦虚、更有礼，对待失败也更从容，因为在他们看来，一切都是过程，最终的结果还未确定。他们不会纵容自己的个性，而会主动学习待人接物；他们不会埋怨处境不公，而会自己进修，提高业务水平；他们更不会不懂装懂，因自己的小聪明坏了大事，而是时刻提醒自己只是个入门者，必须事事谨慎；他们也不会把学习当作借口，把业务当作练手，而是有相当的责任感，因为他们的目标就是把事情做好。

现代都市，各种培训机构悄然走红，走进培训中心大厅，有礼貌的工作人员会为你介绍琳琅满目的课程，你会发现世间原来有这么多你不了解的学问。就拿舞蹈来说，就有拉丁舞、桑巴舞、现代舞、街舞、国标、伦巴、恰恰等种类；想学音乐，有声乐、乐理、小提琴、钢琴、双簧管、大提琴、中提琴、排箫，等等；想学烹饪，有西餐、面点、西点、甜点、粤菜、川菜、鲁菜，等等；想学语言，英语、日语、法语、西班牙语、俄语，还有冷门的希伯来语……培训中心安排了灵活的授课制度，有业余班，也有夜班，巧妙地利用人们的休闲时间，让人们不会为安排时间苦恼。

一位中年女士有些担忧地问："我已经这个年纪了，想学钢琴是不是太晚了？我听说都是一些五六岁的小孩在上入门班。"接待小姐不由笑了，安慰道："您根本不用担心这件事，入门班里有不少小朋友，这是真的，但也有不少白领和主妇。上一个班级里，像您这样的女士就有三个。而且还有两位岁数更大，一位50，一位57，她们学得特别积极！"

在培训中心，每天都能看到人来人往，各种年龄、各种阶层的人们都希望在这里得到知识，希望在这里培养更多的爱好。他们所学的每一门知识都像一扇崭新的窗户，为生活带去新的光芒。而他们在学习的过程中，也结交了很多朋友和有专业素质的教师，并受到这些人的积极影响，走出了自己早已形成的单一的生活圈子。在这个地方，你会更加赞同并能深入体会到那句名言的具体含义：学习，永远不晚。

如果放弃学习，我们的人生就会彻底停滞，再也没有进步，正是因为了解这一点，发达国家才率先提出"终身学习"的概念，认为摄取知识是每个人的义务，不能因为学校教育的结束而停止。在国内，不论大城市还是小乡村，各种学习班应运而生，人们可以在家门口继续学习自己感兴趣的东西，而网络课程日渐成熟，也让所有人多了一个亲近知识的途径。

也有人脱离学校之后，不知该如何学习，有时想学点什么，不是累了就是烦了，又没有老师的监督、考试的压力、同学的带动，很快就把翻了几页的书扔掉，白白花了教材费。其实，学习没有那么费劲，它也可以成为一种习惯，成为生活中不可缺少的一部分。学习本身，大致可以分为以下四种形式：

系统性学习。系统性学习会在一个完整的时期内把学习作为重心，全面地学习某一门知识。这种学习的好处是全面铺开，少有遗漏，减少探索实践，直接形成完备概念。为什么企业管理者们不约而同地报考 MBA？就是因为系统的商业管理学习能在短期内改变他们的观念和对现代企业的看法，对他们大有裨益。如果你有现实需要，不论是托业还是留学，都可以列入日程。用一两年的时间让自己飞跃一下，你会有更高的起点。

兴趣性学习。喜欢某样事物想要加深了解，这种学习的好处是省掉了自我鞭策的时间，一切以兴趣出发，让人兴致勃勃。但一切学问都有艰深烦琐的一面，这仍然需要你付出耐心。而且，最初你也许只是想要了解一些养花常识，学习之下，你觉得你还要了解土壤的构成、水分如何摄取、日照的影响，说不定你又想买一本植物图鉴。学问都是以点带面的，不可能只钻一点，你要有心理上、时间上的准备。

业余的学习。这是现代人常用的方式，用零星的时间学习知识。不论是报一个短期班还是报一个网络课程，都能给人以知识上的启迪。但这种学习也有个弱点，就是随意性太强，随时可以不学。要记住学习本身绝对不是一件轻松的事，半调子学到的只有皮毛。不论想学什么，只要你开始了，都要坚持下去。

三人行必有我师。这种学习是以身边的人为老师。不要轻易小看任何一个人，他们身上总会有值得你学习的东西。有些人的优点是性格上的，例如擅长克制怒气，这就值得你参考；有些人的长处是业务上，这更值得你偷师；还有些人人生经历丰富，值得你借鉴。还有，千万不要好为人师，如果别人跟你请教，要将这件事当作朋友间的探讨，而不是教授。

学习与你的未来息息相关，好学者总能比他人更早地发现机会，也有比他人更为深刻的见解。学习你能学到的一切东西，丰富你的头脑和生活，还有一件事和学习一样重要，就是把学到的知识付诸实践，不然你和一本书没有区别。将你的知识尽量运用到生活和工作中，知行合一，是我们的祖先留下的宝贵传统。

03. 面临抉择时，眼光放长远些

任何一种未来都取决于现在，特别是那些重大的抉择。当我们站在一条分岔路的路口，却不知道该走向哪一边的时候，难免彷徨无措。很长一段时间，我们依靠年长的父母或师长为我们指路；有的时候，我们会听从朋友的建议；还有的时候，我们凭一时意气乱走一通。随着年龄的增大，我们明白自己的路必须自己走，而且要慎重地走，否则很难让自己满意。于是，我们重新站在某个路口，感觉自己无可依傍。

有谁见过一个从不犹豫的人？有谁敢说自己从未优柔寡断？在人生的道路上，我们每个人都有难以抉择的时刻，好几个选项摆在你面前，你每一个都想要，每一个都那么诱人，它们的价值相当，都会给你带来巨大的利益。可惜，这是一道单选题，鱼和熊掌往往是不可兼得的。

每一次思考，我们首先寻找的是衡量标准，有一个标准，就像测量时有了卷尺和秤，让我们心里有了底。可你的选项往往是概念性的，无长度也无实体，你很难找到一个合适的标准。如果单凭个人喜好，你三年前喜欢的东西和现在喜欢的东西根本不是同一回事。也有人相信直觉，但直觉只是有安慰作用的心理暗示，其作用和占卜不差多少。你相信不经思考的结果？那什么事也不必费心，抓阄可以解决世界上的一切问题！只要你不在乎结果。

　　琳琳遇到了一个很多女性遇到的、老生常谈的难题：她已经到了适婚年龄，希望有一个美满的家庭，她身边刚好有两个追求者，这两个人对她一样痴情，各有各的好处，能力又旗鼓相当。更要命的是，她觉得两个都好，两个都喜欢，完全不知道该怎么选择。

　　她为此纠结了很长一段时间，经常和闺密们探讨这件事。闺密们有些从个性角度考虑，认为温和的 A 先生更适合急脾气的琳琳；有些从经济角度考虑，认为家庭条件更好的 B 先生能够给琳琳提供更有保障的生活。于是，不但琳琳烦恼，闺密们也分成两派，辩论不停。

　　最后，连琳琳的父母都知道了有这么一件事，琳琳的妹妹也拿这件事取笑，说自己有两个姐夫。母亲作为家庭代表找琳琳谈了次话，这次谈话时间很短，母亲最后一句话让琳琳回味良久。母亲说："如果你现在觉得选择不了，那就想想 20 年后，当你比现在老的时候，你更希望和哪个人在一起生活。"那一刻，这个困扰琳琳多时的问题一下子就有了答案。

　　20 年后我们是什么样子？如果一切都按照理想的模样，我们应该是优秀的、富有的、知性而优雅的，但我们也要考虑那个时候我们可能面对的难题：健康、住房、儿女、中年危机……如果考虑到这些东西，我们还能若无其事地将熬夜当家常便饭吗？还能看似豪迈地挥霍金钱吗？还能继续放纵自己的个性和坏习惯吗？还能不努力于自己的事业，并维持一份和谐的人际关系吗？20 年后我们想什么样，就是我们选择的标准。在这个标准下，很少有错误的判断。所以，我们也可以试着运用这个标准。

目光一旦长远，人的思考方式就会相应跟着改变。首先，那些现在在乎的东西，在未来面前变得不那么重要；那些现在纠结的小事，比起未来不值一提；那些不合时宜的情绪，相对未来显得肤浅苍白；那些一时间的诱惑，比起未来，不过是些小水珠……简言之，放眼未来，你会更客观、更务实、更大气，这就是成功者的形象。

凡事都要做长远打算。把长远思维代入日常，固定为习惯。做什么都习惯性地想想后果，看什么都想想未来，有重要决定的时候就考虑20年后自己的状态。即使在小问题上，也不要随随便便决定。任何事都是有联系的，你随手种一颗种子，不知道它会长成参天大树还是毒草，所以必须在播种之前就了解这粒种子的性质，做任何事都是如此。

有些人会带着嘲弄的口吻说："凡事都要长远打算？如果没有未来的话，这些打算有什么用？现在不快活一番，谁知道明天会出什么事？"这类人信奉今朝有酒今朝醉，他们不在乎未来，只贪图一时的痛快。但他们为什么那么确定未来不会来？因为他们不相信自己，不相信自己有能力创造一个理想的未来，宁可在有精力的时候多玩玩，多乐乐。未来是贫困潦倒也好，是被人嘲笑也罢，都是未来的事，换言之，他们放弃了未来。

放弃是最不可取的行为，这是一种不敢面对困难和挑战的懦弱，当然他们也会振振有词地说人生就是虚无的，努力一番最后都会成为泡影，所有的成功者和失败者一样进了墓地。这简直是强词夺理。成功者合上眼睛的一刻，想到这一生努力克服的困难，得到的成就，会觉得充实而幸福；失败者或虚无者想到的不过是穷苦、落魄、无聊。这是一样的人生吗？谁愿意在死去的时候说一句"我这一辈子活了几十年，什么都没做"？

相信未来的人才能创造未来，相信未来的人才能计划未来，而想着20年后来决定现在的事，本身就是对未来的一种信任和投资。我们之所以要抉择，会痛苦，正是因为我们不愿意放弃希望，想要做出最好的决定。人生匆匆，那么多的事填充着我们的生活，但我们能够真正把握的真的只是其中很小的一部分，所以我们需要慎重选择所有关系未来的因素、事物、人，他们最值得我们珍惜和努力。而且，也要在每一个抉择之后，让自己变得更优秀、更有资格和能力，才能去把握属于自己的那片天空。

04. 选择一位朋友，选择一种生活

　　如果每个人都在独居的环境中生活，可以自给自足，不需要与人交换，也不需要与人交流，那么这个人不必懂得道德，也不必懂得事物的道理，他只需要遵循自然天性，每天吃饱睡好，生老病死，过完自己的一生，是不是很理想？这样的生活，绝大多数人不能认同。人们想要的生活总是尽可能丰富的，有很多的经历，最好还有喜剧般的结局，人的一切境遇都来源于此。

　　因为有交流合作的需要，我们一定会与别人产生关系，除了我们自己，还有人能够影响我们，甚至左右我们的生活。在我们年幼的时候，父母是保护伞，也是指挥棒，他们规定了我们最初的人生轨迹；在我们读书的时候，老师是教育者，也是导航员，他们教给我们最初的人生道理；等到我们有了足够的理智和独立的经济条件，我们再也不必按照其他人的想法做事，这个时候依然有人可以改变我们的生活，这些人就是朋友。

　　就算最自我的人也不能抗拒朋友的影响，因为朋友可能与你朝夕相处，可能与你志同道合，可能正好触及你的心灵和软肋，因为贴近，你自然会想和他们更接近一些。你们会有共同的话题、共同的爱好、共同的朋友，就算是有争辩，也会学着站在对方的角度上考虑一下，渐渐地，对人对事便多了

一种思路，这思路是朋友带给你的。

正因如此，朋友的品质决定了思路的方向。如果你的朋友是个小肚鸡肠、对人充满恶意的人，你站在他的角度上考虑，自然看到满世界的人都是直立行走的禽兽，随时准备侵害他人的利益。想得多了，你对这个世界也不会像以前一样抱有坚定的安全期待。如果你的朋友是个宽容的人，你接触得多了，也同样会发现曾经在乎的那些小事真的是小事，不值得一而再再而三地提起，于是你也自然大气了许多。

每当小优结交一位朋友，她总会想起很小时候妈妈对她说的话："你要跟好学生做朋友。"有一段时间，小优很反感妈妈的这种论调，认为妈妈把人分了等级，只看到好学生的优点，看不到那些成绩差的学生身上的闪光点，她甚至曾经和妈妈对着干。

小优到了大二才渐渐理解妈妈的良苦用心。刚上大学，小优觉得自己像笼子里的鸟飞回自然，总算体会了自由的感觉。她悠闲地享受大学生活，直到期末成绩下来，才发现一向优秀的自己名次垫底。第二学期，这个状况也没改善。

小优不觉得自己的智商有问题，回想小学和中学，她一直和身边的朋友们一起努力学习，围着老师问问题，假期时候一起逛博物馆，一起去少年宫上补习班。她的朋友们都是妈妈喜欢的好学生，偶尔有几个成绩并不好，需要她辅导，妈妈其实也并不反对，反而鼓励她一定要多帮助爱学习的同学。小优想来想去，确定自己成绩下降的原因，是少了一种学习氛围。

到了大二，小优有意识地和班上最勤奋的学生一起上自习，这让她总是飞到校园外，留恋小饰品店、时装店、冷饮店的心安定了不少，她又渐渐找回了当初的感觉。一学期下来，她的成绩突飞猛进。这时小优才理解妈妈为什么让她找好学生当朋友。因为朋友之间的影响力和约束力是巨大的，而所谓的"好"，不单单指成绩好，而是指有一颗上进心。

如今小优早已拥有一份稳定的工作，她完全按照妈妈的吩咐，喜欢和各行各业的优秀者结交。她希望生活始终保持一种渴望优秀的氛围，身边总是有能够带动她的朋友，这样才不愧父母为她取的"优"这个名字。

古语说：与善人交，如入芝兰之室，久而不闻其香；与不善人交，如入鲍鱼之肆，久而不闻其臭。选择一种朋友，就是选择一种生活，朋友的生活态度将极大地改变你，跟随好的朋友，你的人生将提高到新的境界；结交坏的朋友，你的人生就堕落到另一个层次。不要以为自己能独善其身，在一个污浊的圈子里，没有人能不被影响，或者你自己抽身，或者他们排斥你，你才能保全自我。正因为如此，我们必须妥善选择自己的朋友。

选择那些品德好的人做朋友。他们可能固执，可能说话难听，可能在你想做某件事的时候极力阻挠，但他们一定是基于大是大非的立场才这样做。这样的朋友不会坐视你走入歧途，有他们在身边，你就多了一面镜子，能够随时纠正自己的偏差行为。而在他们的影响下，你也会更严格地要求自己，让自己成为一个君子。

有知识的人不一定有真知灼见，可能是古板的书呆子。真正的见识是智慧，不论对书本的独到理解，还是对人生的独特体会，都能给你"听君一席话，胜读十年书"的领悟。经常和这样的人交谈，与他们共同行动，你会得到更多有益的知识。

友谊应该是一种享受，一个和你个性上互补的朋友，可以给你带来无限的乐趣。你好动，他们可能会拉着你去看一场静默的文艺电影；你消极，他们会及时带给你鼓励；你内向，他们会为你介绍更多的朋友；你爱养猫，他们会告诉你与狗相处的乐趣；你懒惰，他们会鞭策你行动起来……每个人身边都要有几个互相补充的朋友，才能丰富自己的生命。

切记，朋友的选择没有一定之规，但在面对一份友谊的时候，一定要精心筛选，只有那些善意的、正直的人，才能给你带来真正有益的养分。